No Deben Morir

VILLAHERMOSA 2

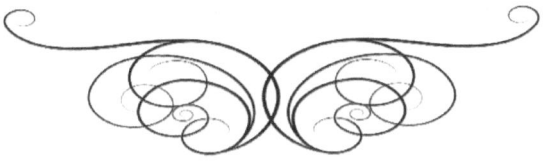

CLAUDIA GIRÓN BERMÚDEZ

Sígueme por las redes sociales:
Facebook: https://www.facebook.com/claudia.gironbermudez
Instagram: https://www.instagram.com/escritora.claudiagironb/
Twitter: https://twitter.com/ClaudiaGironB

DEDICO ESTA OBRA A MIS HIJOS KRISTH,
YESSENIA Y JUAN DAVID.

AGRADECIMIENTOS

A Ti, lector, a ti que me has animado a seguir escribiendo con tus palabras de ánimo; a Ti, lectora, que haces que cada vez te admire más por tu valentía de leerme.

A Ti, bloguera, que con tus reseñas anteriores me dijiste lo bueno y lo malo de mi escritura, y me has enseñado a que cada vez me supere más.

ÍNDICE

COLONIA KITTYANA
CAPÍTULO 1

Larson Aranda quiso ser el padrino de muchos estudiantes cuyas familias contaban con escasos recursos y no podían ofrecer buenas universidades a sus hijos. Así lo demostró mientras estuvo en Villahermosa, en la misma época que Karla, durante los años 90, en Colombia; allí sufragó los gastos para montar la universidad en el interior del propio penal y de ahí había pasado a financiar el laboratorio Vida Futura, cuyos gastos sufragó Piruleta con el fin de institucionalizar la ciudad que pensaba erigir en Marte.

Muchos de los científicos que trabajaban en el proyecto sabían de dónde procedía el dinero y no les importaba, ya que sabían que los gobiernos americanos no subvencionarían nada que no contase con el beneplácito de las oligarquías que controlaban los estados. Si alguien no apoyaba aquellas iniciativas, muchos de los profesionales que participaban acabarían yéndose a Europa, donde sí se sostenían programas de investigación a fondo perdido y libres de presiones por parte de los poderes fácticos.

Larson nunca había vivido en España, pero sus hermanos sí, y fueron estos los encargados de sacar el dinero «encaletado» de los pisos francos donde lo escondían, para luego reinvertirlo en algunas empresas y laboratorios en territorio español. No fue una tarea fácil, porque blanquear dinero nunca lo es, pero con ayuda de algunos científicos que prestaron sus nombres pudieron llevar a cabo la legalización de muchos millones que acabaron formando parte del Proyecto Kitty.

Aparte, profesionales especializados dieron forma a una maqueta de la ciudad que Larson quería en Marte, y que albergaría a un millón de personas; la urbe en cuestión sería del tamaño de Valencia e iba a ser totalmente sostenible.

Una de las primeras dificultades a solventar a la hora de vivir en Marte era el exceso de radiación solar por la falta de una atmósfera como la de la Tierra. El mejor aliado que encontraron fueron las microalgas.

La fachada de la cúpula estaría compuesta por las mismas, porque no solo protegían de los rayos ultravioleta, sino que, al mismo tiempo, generarían compost, oxígeno y energía. Otra de las grandes ventajas de su aplicación consistía en que iban a servir para replicar el ciclo del agua a través de las membranas que compondrían esa gran cúpula de la ciudad que diseñaron especialistas en muy diversas materias, como la Microbiología o la Arquitectura. «Cualquier tecnología que consuma y genere gasto no sirve», afirmó uno de los científicos. Eso lo tenían muy claro.

Precisamente, esa idea de sistema circular resultaba crucial para su planteamiento. Todo empezaba con una enorme cantidad de plástico que se recuperaría de los mares y océanos para transportarlo hasta Marte; una vez allí, los polímeros se reciclarían, pues con ellos se pensaba dar forma a la fachada exterior de la cúpula, además de colocar luego sobre ella miles de millones de unidades de microfilamentos y microalgas. En el año que duraría el trayecto, unas impresoras 3D ya existentes se encargarían de tejer el material. «Con esto, resolvemos un problema enorme de contaminación que tenemos aquí, y además conseguimos reciclarlo para fabricar otras cosas que nos permitan vivir en el espacio», sostuvo otro de los encargados de diseñar la cubierta que albergaría la ciudad.

Otro de los recursos estrella eran los drones. Serían los primeros en llegar al planeta rojo. Como si de un ejército se tratara, localizarían el mejor sitio para edificar esa ciudad marciana. Con la colaboración de las impresoras 3D, los drones se reproducirían para contar con el mayor número posible de ellos, algunos de los cuales confeccionarían también la tela exterior de la cúpula y acelerarían el trabajo previo a la llegada de los humanos. La ventaja con la que contaban es que el tercio de gravedad existente en Marte no les afectaba para volar. «Este enjambre de drones funciona con energía solar y será tremendamente útil. Mantendrá las estructuras en perfecto estado, y si alguno falla siempre puede replicarse gracias a las impresoras —sostuvo Nicolás cuando le explicó el plan a Karla—. Además, vamos a dar forma a un plan alimentario basado en la miel y la patata peruana, mientras se descubren más alimentos útiles que refrenden nuestros estudios y que se puedan cultivar en Marte».

Como no solo de microalgas viviría el marciano, la miel supondría otra fuente de alimentación. «Las abejas son de los pocos animales capaces de soportar el viaje espacial, y sus panales disponen de los nutrientes indispensables para que los humanos lleguen a habitar el planeta rojo —le reveló Nicolás a Karla—. A través de unos tubos dispuestos por toda la ciudad, los insectos se desplazarán por las zonas reservadas para ellas, que estarán fabricando uno de los pilares alimentarios del proyecto. Las ideas, cuanto más sencillas, más eficientes. Nosotros partimos de algas, agua y miel. Con esto, tienes ya la mitad de la vida en Marte», comentaba Nicolás Aranda en el dosier de presentación de Proyecto Kitty.

Aparte de las cuestiones técnicas y tecnológicas, que no eran precisamente menores, un instituto

14

especializado perfiló cómo tendría que organizarse la sociedad. Al estilo más genuino de sistemas socioeconómicos como China o de los expuestos por *Black Mirror*, todo estaría cuantificado en base a los llamados *token*, que funcionaría como una especie de sistema de crédito social.

En una pulsera, que iría mostrando diferentes colores en función del crédito social del que esta dispusiera, los Kittyanos tendrían a su alcance un número de *token* que dependería de cuánto contribuyeran a mantener la ciudad, de su implicación para reciclar o de las pedaladas que dieran para generar energía. Ya estando allí en Marte, los colonos tendrían que cocinar, convivir o hacer ejercicio. Algo de lo que Larson estaba seguro era que todo aquello cambiaría el sistema social, la forma de pensar y de actuar, ya que la colonia kittyana se erigiría desde un punto de partida en el que sus fundadores contarían con una visión y un pensamiento limpios, bajo el mandato de unos líderes que defenderían un desarrollo social y económico correcto y sostenible.

También se planteaba duplicar la experiencia de Marte en la Tierra, para que así fuera posible salvar otras vidas y el ecosistema, aunque eso llevaría muchos años, quizás décadas.

La idea era que los kittyanos escribieran cartas a los terrícolas contándoles todo lo que estaban viviendo y los cambios de los que estaba siendo testigos para, de alguna forma, incentivar su aplicación en la Tierra y viceversa. Lo que hubiera funcionado en la Tierra se duplicaría en Marte y al revés.

LIBERACIÓN
CAPÍTULO 2

Allí estaba, ya montada en el AVE para emprender su viaje a Madrid; era tanta la ilusión de viajar y separarse al menos diez días de su esposo Eliecer... Para Karla, estar lejos de él era como un soplo de aire fresco. Nunca había conocido una persona tan negativa, que se quejara tanto y odiara a la humanidad con aquella intensidad detestable. Karla estaba harta y sabía que en cualquier momento su matrimonio se iría al garete.

La presentación del libro La joven funcionaria de prisiones había sido autorizada por el Ministerio del Interior del Gobierno español e Instituciones Penitenciarias, y Karla Santodomingo se disponía a iniciar una campaña promocional que la llevaría a visitar un gran número de prisiones españolas; y es que se le había ocurrido dar a conocer su novela a la población reclusa, con ánimo de despertar en ellos el gusanillo lector o incluso la afición de alguno de ellos a las letras y la escritura. Karla estaba segura de que aquella experiencia también le permitiría conectar con su pasado y serenar su estado de ánimo, muy deteriorado por culpa de sus problemas conyugales.

Madrid fue el primer destino que eligió. Así también aprovecharía para visitar a sus sobrinos, a los que hacía meses que no veía. La noche anterior, mientras preparaba sus cosas, se dio cuenta de que no aparecía el billete de tren; pensó que lo había perdido, y por más que buscó por cada rincón de su casa no consiguió que apareciera. Leyó en internet que presentándose en la estación un par de horas antes de la salida podía recuperarlo, y por suerte había hecho una foto del billete impreso que le había enviado a su sobrino para que él viera la hora a la que tenía que ir a recogerla.

Aquella mañana, un poco nerviosa por haberlo extraviado, pero también muy ilusionada por iniciar aquella nueva etapa de su vida, Karla llegó a la estación de Sants con una maleta de veintitrés kilos, como si se fuera de viaje a otro país. En ella llevaba varios ejemplares de su novela; había decidido donar un buen número de libros a cada centro penitenciario donde hiciera la presentación, para que reposaran en las bibliotecas de los módulos y así los internos pudieran leerlos.

Cuando llegó a la ventanilla, mostró la foto del billete y explicó lo que había sucedido. De inmediato se lo volvieron a imprimir. Karla llevaba muchos días dándole vueltas al viaje en su cabeza, y así como disfrutaba de la alegría de emprender algo nuevo en su vida también la asaltaron los nervios, por aquello de tener que volver a pisar una cárcel después de casi veinticinco años sin hacerlo.

Karla cogió su maleta y se sentó en el asiento asignado; acomodó su equipaje de mano en la parte de arriba del vagón y sacó su iPad dispuesta a que le llegara la inspiración. Quería acometer el proceso de escritura de la segunda parte de su obra, eran tres horas de viaje que estaba dispuesta a aprovechar para escribir. Rechazó los auriculares que le ofrecieron para ver una película con tal de centrarse solo en estructurar el trabajo que Larson Aranda le había pedido que llevara a cabo. El hecho de llevar meses sin escribir pesaba mucho en su estado de ánimo. No había tenido demasiado tiempo para enfrascarse de lleno en el proyecto, pues había decidido dedicarse en cuerpo y alma a promocionar su novela en España. Además, se concienció de que tenía que hacerlo ella sola, mientras su amiga Sarek la ayudaba con lo propio en Colombia.

De improviso, escuchó las risas de una pasajera que llevaba de la mano a una niña; la joven estaba feliz porque había podido cambiar su asiento con otra persona, lo que le permitiría viajar junto a la cría, ya que, al parecer, les había tocado ir separadas. El encargado de Renfe la autorizó para que lo hiciera y un pasajero de buen talante comprendió la situación y accedió al cambio.

La maleta de mano que Karla había subido al tren estaba atestada de papeles; iban agrupados por medio de clips de colores y cantidad de pósits adheridos a cada hoja, con anotaciones y matices para tener en cuenta a la hora de abordar los contenidos. Se los había dado Nicolás, el abogado de Larson; lo había hecho allí en Cali, en su querida y lejana Colombia, y con todo el encuentro rodeado de cierto secretismo. A Karla le preocupaba el hecho de no

haberlos mirado desde que había tenido lugar la reunión. El tren no era una buena opción para organizar tanta documentación, pero no le importó.

A su lado viajaba una chica bellísima, que lucía una imagen muy elegante. Poseía una tez muy blanca y un bonito cabello rubio; a Karla el pelo de aquella joven les recordó a los hilos dorados de la filigrana que trabajaban los indios precolombinos. Su altura dejaba ver que era del este, y su nariz y pómulos perfectos lo confirmaban. Aunque Karla siempre había sido una persona extrovertida y campechana, que siempre se ponía a hablar con la persona de estuviera a su lado o con el taxista de turno que la llevara, desde que estaba con su marido se había vuelto más callada. Eliecer, su esposo, la tenía amargada, y la convivencia con él había consumido sus energías de tal forma que empezaba a tener serias dudas acerca de su matrimonio. «Es lo que tiene, eso de tener un chupasangre al lado», se dijo para sí con amargura. No pudo evitar que su semblante perdiera otra vez la expresión amable que trataba de mantener siempre que podía. Cayó en la cuenta de que su sociabilidad se había disipado, que su sonrisa estaba siempre escondida y solo la dejaba aflorar cuando el depredador emocional que tenía por marido no estaba cerca.

Tratando de sacar a Eliecer de su cabeza, Karla volvió a mirar de soslayo a la joven que viajaba en el asiento contiguo. Siempre había admirado la hermosura de una mujer y su sensualidad, hasta el punto de resultarle muy erótico cuando veía a dos chicas tocándose en las películas porno; para ella era un fetiche, pero solo a través de la pantalla.

Karla escudriñó con disimulo su atuendo sin que ella se diera cuenta; la joven vestía con traje azul ajustado, sencillo y sensual, a la vez que elegante. Luego cayó en la cuenta de que la hoja en blanco de su propia *Tablet* seguía allí, nívea, brillante y sin mostrar una sola palabra. De repente la rubia se giró hacia ella; parecía haberse percatado de que Karla la miraba con disimulo y, por un instante, posó sobre ella los cristales rosas oscuros de sus gafas, una fusión que no hubiera lucido mejor ni en Jacqueline Kennedy.

—¿Le ocurre algo? —preguntó la *barbie*.

—No, no, tranquila —se excusó Karla—. Bueno, sí… lo cierto es que sí, debo ir al baño.

Llevaban ya tres cuartos de hora de recorrido y los líquidos empezaban a hacer su efecto en las vejigas, por lo que a Karla se le antojó una excusa perfecta.

—Ah, muy bien —asintió la desconocida—; lo cierto es que yo también lo necesito, pero puedo esperar de momento. Si quiere vaya usted primero y así yo acabo esta página —le dijo con un marcado acento ruso, ya conocido para ella.

Karla le dio las gracias en el idioma de Tolstoi y Pasternak, sus autores rusos favoritos.

—*Spasibo*.

—¡*Pozhaluysta*[1]! —rio la joven desconocida—. ¿Habla usted ruso?

—No, chapurreo algunas palabras, nada más, como «gracias», «buenos días» y cosas así —repuso Karla, que le dedicó una sonrisa, se levantó y se dirigió hasta el pequeño cubículo que servía de cuarto de baño.

———————————

Cuando volvió, ya más tranquila, Karla suspiró y echó un vistazo al libro que tenía tan entretenida a la rusa. No le dio tiempo a identificar el título porque la desconocida lo cerró de repente y lo introdujo en la red que hacía de bolsillo en el respaldo del asiento que tenía delante; también subió la mesilla abatible, guardó sus gafas en el bolso y se levantó muy despacio. El contoneo que acompañaba su movimiento, envuelto en su vestido azul ajustado tipo ejecutiva, y su infinita cola de caballo hasta la cintura pusieron muy nerviosos a los pasajeros, que la vieron levantarse y la siguieron con los ojos por el pasillo. Aquel metro y ochenta centímetros era digno de una pasarela de moda y no resultaba común verlo en un tren. Karla observó con descaro al pasajero que tenía enfrente y de cuyo mentón faltaba poco para que colgara baba.

—¿A que es muy guapa? —le preguntó al tipo a la vez que le lanzaba una mirada cómplice.

—Muchísimo —aseveró el sujeto—. Qué mujer, por dios, parece un monumento. Está poniendo nervioso a todo el personal.

—Lo sé, ya me he dado cuenta, es preciosa, ¿verdad?

—Ni que lo diga, menos mal que viajo solo, si no fuera así mi mujer me mata, porque es imposible no mirar a esa muñeca.

—Le dejo antes de que venga. —Karla no quiso continuar la conversación y procuró seguir a lo suyo.

Llevaba un rato dándole vueltas a la cabeza por culpa del tema de Larson Aranda y los papeles que le había hecho llegar a través de su abogado, así que, aprovechando que la pasajera rusa no había vuelto todavía, se levantó y cogió su maletín del altillo portaequipajes, lo colocó sobre el asiento de su acompañante, lo abrió y extrajo los documentos, que colocó lo más ordenados posible sobre la bandeja abatible. Después cerró la maleta y la subió otra vez, para luego sentarse con movimientos rápidos porque la rubia acababa de salir del baño y se acercaba de nuevo. Karla cogió el montón de papeles que tenía enganchados con clips de colores y un poco desordenados, contempló un instante a su vecina y le sonrió.

—Eso que tienes ahí parece muy interesante, ¿qué es? —inquirió la chica rusa—; si puedo saberlo y no es ninguna indiscreción, claro está.

—Son pasajes de mi próxima novela, es que justo ahora la estoy escribiendo para aprovechar las horas de viaje y que no se me haga tan largo.

—Entiendo, y ¿en qué género te mueves?

—Entre negra y policiaca, pero la verdad es que no sé qué va a salir, porque hasta que no me ponga a escribirla no sé qué surgirá de todo esto —contestó Karla, que tampoco tenía muchas ganas de revelar aspectos más relevantes de su libro. Todo el contenido debía guardarse con el más absoluto secreto.

—Ya, ya, me imagino… —asintió la rusa—. Yo también me he traído lectura, pensando, igual que tú, que valdría para entretenerme durante el viaje.

—Sí, eso he visto. Y, ¿qué libro es? ¿De qué va?

—Pues me va mucho la novela negra, de asesinos y todo eso.

—Vaya, quién lo diría, con esa apariencia tan angelical —le dijo Karla.

La chica rusa rio con ganas.

—Mi nombre es Nikita, ¿y el tuyo?

—Ay, sí, perdona… soy Karla, Karla Santodomingo —se presentó—. Qué despiste. ¿Has dicho Nikita? ¿Cómo la asesina rusa de la peli de Luc Besson?

—Sí, esa misma. Pero yo me apellido Petrova. Nikita Petrova, para ser más exacta.

—Encantada. Oye, y qué chungo eso de la peli. No serás una asesina rusa, de esas que saben pelear y manejar armas que flipas —bromeó Karla.

—Bueno, un poco sí.

Karla dio un respingo en su asiento y se quedó mirándola con cara seria, aunque el momento de tensión no duró mucho y ambas se echaron a reír a la vez. Karla sintió una gran complicidad con Nikita, como si se conocieran de toda la vida, y estuvieron un rato charlando y mirándose a los ojos como si fueran amigas desde siempre, si bien pasado un rato volvió a su mutismo al acordarse de los papeles de Aranda; decidió aislarse y dedicarse a lo suyo sin que nadie la interrumpiera, así que giró el cuerpo con precaución, para no parecer desagradable a ojos de su vecina, y procuró aislarse por completo del tren y del paisaje que podía atisbar por la ventana a pesar de la velocidad.

En cuanto comenzó a trastear con los papeles, se sintió nerviosa y la ansiedad subió hasta su cavidad bucal de golpe, como si hubiera estado dando saltos en el interior de su cuerpo y la hubieran liberado de improviso. Karla dobló la funda de la *tablet* con ánimo de aprovechar el poco espacio que tenía en aquella mesita, y empezó a leer las primeras hojas del grupo de papeles, mientras trataba de tranquilizarse. Después de estudiar algunos fragmentos sueltos, cayó en la cuenta de que no sabía cómo enfocar todo aquel asunto, así que no tenía muy claro por dónde empezar; para su sorpresa, los hechos que se describían en los folios estaban ordenados cronológicamente, así que supuso que su antiguo amigo, el hombre de las mil caras, sistemático y organizado, tan calculador y preciso como un reloj suizo, se había tomado su tiempo a la hora de darle forma al contenido.

Larson Aranda había separado con clips los papeles de acuerdo a la época en la que había tenido lugar cada acontecimiento que quería narrar. Karla estaba al tanto de una gran parte de su historia, pero él estaba empeñado en contar algunas otras cosas; sus instrucciones habían sido precisas: narrar todo lo que a él le había parecido importante y no solo que hubiera tenido lugar en el interior de Villahermosa. Karla no sabía con exactitud qué le indujo a querer hacer todo aquello, de nuevo no estaba al tanto de sus planes. Lo único que sabía a ciencia cierta, porque así se lo había comunicado Nicolás, el abogado de Aranda, era que a medida que avanzase con el proyecto, fuera poniendo al tanto a su asesor legal, para que este se pusiera, a su vez, en contacto con Aranda, y entre ambos decidieran los pasos a seguir. Conforme echaba un vistazo a las separaciones de las diferentes épocas, planeaba un esbozo de estructura del libro. Era difícil hacerlo a simple vista, así que se propuso leer papel por papel y trató de recordar aquellos años en Villahermosa. Desde que había escrito su primer libro, no había vuelto a investigar acerca de Larson, no sabía nada nuevo de él, así que el viaje en el tiempo era necesario para poder conectar con lo que se disponía a escribir. El desplazamiento a Madrid para presentar su novela dentro de los centros penitenciarios marcaba el punto de partida tan necesario para el entorno y para imbuirse del ambiente carcelario.

«¿Qué mejor momento para empezar con este encargo?», pensó Karla.

Karla sonrió y se acordó de Aranda, de la cárcel donde tanto tiempo había estado preso, allí en Colombia, y de todo lo que ella misma había dejado atrás cuando decidió irse a vivir a Barcelona. Mientras daba vueltas a la cabeza y repasaba algunos de los eventos que habían tenido lugar durante su estancia en Villahermosa, volvió a trasladarse a aquellos años, lo que provocó que se moviera inquieta en su asiento.

De repente, su compañera de viaje la miró con ojos inquisitivos.

—¿Problemas? —inquirió la joven rubia.

—No, no —respondió Karla al mismo tiempo que ordenaba los papeles—; solo que me han encomendado algo y no sé si este es el mejor sitio para hacerlo, ya que tengo muy poco espacio. ¿Quizá es que te he incomodado? Perdona si te estoy molestando.

—Para nada, solo es que te veo ansiosa y entusiasmada, y tengo curiosidad por saber qué es todo ese tesoro que lees con tanta atención —dijo Nikita.

—No es nada, solo datos para mi próxima novela.

—¿Te ayudo? —se ofreció la joven rusa—. No me importa compartir la mesa, total… nos quedan más de dos horas de viaje.

Karla se detuvo por un momento a pensar qué hacer o responder. Sabía que la información contenida en aquellas carpetas podía llegar a paralizar una nación y no quería que aquella desconocida estuviera al tanto de todo el asunto.

—Me apaño bien sola.

—Es que con eso que me has dicho de que eras escritora, y como a mí me gusta mucho leer, pues siento curiosidad —insistió la chica.

—Qué bien, una lectora *devoralibros*. A ver, como te he comentado antes, escribo novela negra; he escrito una y ahora estoy con esta, que hago a cuatro manos con un amigo; de hecho, voy a Madrid a presentar la anterior en un centro penitenciario, o sea, en una cárcel —matizó para que la chica rusa la entendiera—, pero debo armar la estructura de la siguiente y son los momentos más complicados, ordenar toda la información. Es lo que tiene escribir a cuatro manos.

—Que interesante. ¿A cuatro manos? Eso suena muy sexual, ¿no?

Karla soltó una carcajada.

—Sí, pero nada que ver... así se les llama a los libros que escribes de forma conjunta con otro escritor.

—No te quiero molestar, si me necesitas aquí me tienes... muy cerca. —Y le hizo un guiño de un precioso color añil que provocó en la escritora cierta agitación.

—Gracias, lo tengo en cuenta. —Giró el cuerpo de nuevo y se acomodó en el asiento, mientras su vecina se colocaba las gafas y echaba mano a su libro para seguir leyendo.

Karla trató de centrarse en lo suyo. Focalizó su atención en comprender los retazos de información que

Larson había escrito con tanto esfuerzo; decidió ir tomando apuntes en su *tablet*; pensó que, si iba consignando sus impresiones acerca de cada grupo de temas, podría organizarse mejor. «Qué jaleo», pensó, a la vez que colocaba su mano en la frente y ladeaba la cabeza. Lo difícil de la tarea provocó que frunciera los labios y se los mordiera al mismo tiempo. Había escrito tanto sobre Larson Aranda que no se imaginaba qué más podría descubrir, así que empezó por su niñez, esa que pocos conocían y acerca de la cual sentía gran curiosidad, porque era consciente que, dependiendo de lo que hubiera vivido de niño, aquellos eventos habrían marcado su carácter con huella indeleble, y podían explicar muchas cosas acerca de lo que era Aranda. Sin más preámbulos, se sumergió en la lectura.

«Se supone que toda familia lucha por tener armonía, amor, dinero y apoyo, pero en la mía solo había dinero. Me llamo Larson Aranda y nací en Palmira (Valle del Cauca, Colombia), un 14 de marzo de 1963. Mi madre, una hermosa mujer de familia acomodada, era universitaria y gerente de un banco; mi padre, un empresario financiero de clase alta, de esa que pocos ostentan en Colombia a no ser que seas un político corrupto, un mafioso o que te haya tocado la lotería.

»Fui hijo único; el que ejercía como mi hermano, a la vez que, como mejor amigo, era mi primo. Mis padres trabajaban todo el día, se iban muy temprano y llegaban ya de noche, justo para cenar. Durante el día, en nuestra casa estaba Juanita, la señora que ellos habían contratado para cuidarme mientras los dos trabajaban, para que así yo pudiera vivir con todas las comodidades posibles excepto la presencia de mis padres, algo que, creo, hubiera sido necesario.

»Juanita, como la llamábamos cariñosamente, me bañaba, vestía y cuidaba como una madre. Su tez negra y su uniforme blanco impoluto eran los típicos de las sirvientas de las casas de los ricachones. Recuerdo que cocinaba delicioso, y que siempre me tenía preparada una gran jarra de jugo frío que nunca faltaba en la nevera; también me peinaba (varias veces al día) y me daba mucho amor. Siempre me llevaba al colegio, supongo que feliz por hacerlo, y yo también solía acudir a las clases contento.

»Recuerdo que uno de mis profesores se dio cuenta de que me encantaban los números, que era muy activo y que no sentía vergüenza alguna a la hora de salir a la pizarra a resolver cualquier problema que él nos propusiera. Y esa era mi mayor motivación, aunque había otras: jugar con mis amiguitos y enamorar a todas las niñas lindas que había en mi colegio, pues era un chico bien parecido, o al menos eso decían los besitos que ellas me daban en los cachetes. Yo no era, por aquel entonces, mucho de hablar, sino de observar, muy inquieto y preguntón. Recuerdo que, de vez en cuando, le pegaba coscorrones a los más feítos o a los niños "tontos", porque sentía que no encajaban en mi mundo, me reía de ellos y les sacudía solo por verlos llorar. Yo, mientras, reía. Y, volviendo al tema de las chicas, creo que yo llamaba la atención de las princesas de la clase porque era muy canalla y guapo. Mi rostro lucía una piel muy tersa gracias a que Juanita me alimentaba muy bien. Así recuerdo los años de primaria, molestando a mis compañeros y enamorando a las niñas bonitas.

»Mi casa era muy grande y contaba con un jardín verde donde jugaba con mi columpio; también tenía piscina, y a mis compañeros, a pesar de que a veces les coscorroneaba, les gustaba venir a visitarme, porque disfrutábamos mucho, aunque con juegos un poco bruscos».

—Así que vas a entrar en las prisiones de Madrid, qué casualidad. ¡Me parece una pasada!

—¿Qué? ¿Cómo…? —balbuceó Karla. La voz de su vecina de asiento la había sacado de la vida de Aranda con la fuerza de un tortazo en la nuca.

—¡Perdona que te interrumpa, es que no me lo saco de la cabeza! Visitar las cárceles de Madrid, *¡Kakaya interesnaya veshch!*[2]

—¡¿Qué?! —masculló Karla un poco molesta.

—Que me parece algo muy interesante, eso de que vayas a entrar en las cárceles para presentar tu novela.

—Ah, eso... —dijo Karla—; sí, el departamento de Instituciones Penitenciarias me ha autorizado. No es fácil, pero lo logré.

—Felicidades, porque realmente no es fácil. ¿Sabes?, yo también tendré que entrar en algún momento.

Karla abrió mucho los ojos.

—¿Y eso? Si no es mucho preguntar.

—Un primo al que tengo que visitar —confesó Nikita—. No creas que me gusta la idea, pero tengo que hacerlo por el bien de la familia.

—Ya, ver a un familiar dentro no debe ser fácil —coincidió Karla.

---

[2] No hay de qué. En ruso.

—Bueno, pero ese cabrón se merece estar ahí dentro... y mucho más. Mejor cambiemos de tema. Por cierto, se te ha caído eso...

—¿Perdona? —preguntó Karla, que hizo un leve gesto de extrañeza.

—Un papelito que se te ha caído, espera... te lo cojo.

De un momento a otro, con rapidez inusitada, Nikita puso la mano entre las piernas de Karla, mientras disimulaba por debajo de la mesa. La escritora se quedó sin respiración, turbada. Sin esperarlo, la joven rusa movió sus dedos con agilidad para manipular su sexo, y empezó a tocarla suavemente en sus partes más íntimas, mientras la besaba con sus labios color carmín. Karla permaneció estática, con la respiración contenida, mientras la mano iba abriéndose camino por entre sus braguitas y su flor desplegaba sus pétalos como por arte de magia, con las gotas de rocío acompañándola. La situación tenía un sabor puramente femenino y sexual. El papelito no apareció, pero el hecho de buscarlo estaba resultando de lo más excitante.

Los nervios de la exfuncionaria desaparecieron ante el caudal de excitación, pues nunca había vivido algo así, que una mujer la masturbara, ¡y mucho menos en un tren! Fue todo tan rápido que no hubo tiempo de mirar a los demás pasajeros. Nikita era experta en disfrutar del momento, eso a Karla le quedó patente, y no pudo reprimir un profundo gemido de puro gozo.

Después de aquel clímax, un silencio sepulcral se abatió sobre ellas; Karla no sabía dónde mirar, se sentía cohibida. Pero aquello no duró mucho, enseguida Nikita se acercó a su oído... todavía sin que Karla hubiera podido recuperarse.

—Te ha gustado, ¿verdad? Perdona el atrevimiento, pero es que me pones muchísimo y no quería desaprovechar este momento. ¿Te apetece tomar un café por Madrid? ¿O una copa?

Karla recuperaba el aliento justo en esos instantes...

—Sí... —musitó—. Claro, por qué no. Nos tendremos que dar el número de teléfono o algo así, ¿no? —A Karla aquello no le pareció tan mala idea.

—Sí, hagámoslo antes de llegar, ten mi tarjeta, me escribes y quedamos —dijo la rusa—. Y perdona todo esto, es que me tenías nerviosa, una belleza latina como tú... no he podido resistirme.

Karla todavía estaba atónita.

—Ah, ¿sí? Eres... ¿eres lesbiana? —le preguntó con aire bobalicón.

—Bueno, a mí es que me gustan las personas, ya sean hombres o mujeres, lo de su sexo no es lo que me hace decidirme por unos u otros. ¿Tú lo eres? —le espetó Nikita.

—No, no... me gustan los hombres, sobre todo los que son educados y me tratan bien. A un maleducado no le doy ni la hora.

—Un bombón latino, y además una mujer inteligente —dijo Nikita—. Nos tienes locos a todos los del tren.

—Yo... yo pensaba que eras tú la que tenía loco a todo el pasaje, creo que a los hombres se les cae la baba mirándote. Eres una mujer de una belleza y presencia extraordinarias.

—Vaya, qué palabras más cultas utilizas, se nota que eres escritora. Quiero volver a verte.

Todavía con algunas dudas, Karla reflexionó durante unos instantes. La posibilidad de vivir un *affaire* con una mujer como aquella no entraba en sus planes, pero el mero hecho de imaginar que era posible la hizo estremecerse de nuevo. La idea en sí era excitante, liberarse del todo y pasar de su marido. Su amistad con Nikita podría ayudarla a olvidarse definitivamente del capullo de Eliecer, que la ahogaba con sus prejuicios y sus ideas arcaica s.

—Perfecto, te llamo o te mando un mensaje de WhatsApp —accedió Karla—. Muchas gracias, guapa, creo que sí, que debemos tener esa conversación más tranquilas… ehm… —dudó—, ¡más que nada porque me has violado!

UN *AFFAIRE* MUY RUSO
CAPÍTULO 3

Karla había investigado sobre Madrid. Tenía conocimiento de que existía una zona que recibía el nombre de barrio de las Letras, por ser zona de tradición literaria y bohemia. No dudó ni un minuto en instalarse allí los días que le faltaban. La denominación era un homenaje a los grandes escritores que habían hecho vida en sus calles durante el Siglo de Oro español. Cervantes, Lope de Vega y Quevedo daban nombre a algunas de sus calles más señaladas. Citas literarias de sus mejores obras y de otros autores adornaban el pavimento peatonal con letras doradas. Todo un entorno digno de conocer.

Había leído recomendaciones acerca del barrio y de lo bien que se comía en sus numerosas terrazas y locales de restauración. Buenas tapas, cervezas internacionales y una cuidada selección de vinos y platos típicos jalonaban las cartas de todos los establecimientos. Pensó que quedarse allí supondría un encanto añadido a su estancia, así que se instaló en el hotel Paseo del

Arte, establecimiento que la atrajo desde el primer momento tanto por su nombre como por el ambiente que se respiraba en la recepción y sus salones. «Nada puede salir mal aquí, por algo lo visitaban los grandes de la Literatura española», reflexionó Karla. Pese a aquel maravilloso entorno, no podía quitarse de la cabeza la escena que había presenciado en Chinchón.

Escogió una habitación con terrazas con la idea de tener una buena vista, y de nuevo sacó sus pertenencias y las puso en el armario. También contaba con una mesa y una lámpara ideal para escribir, así que lo primero que hizo fue poner los recortes que le había enviado Larson, su iPad y todos los elementos que solía usar, aunque prefirió no meterse todavía en faena. Optó, en cambio, por darse una ducha y salir a dar una vuelta por aquel maravilloso enclave madrileño.

El hotel estaba ubicado estratégicamente cerca del museo Thyssen, del Museo del Prado y cerca del Parque del Retiro. Mucho atractivo en un solo sitio, para una escritora que buscaba inspiración y seguridad. En pleno «Triángulo del Arte», como era llamado por los turistas.

Así las cosas, solo faltaba dar con el sitio idóneo para tomar una copa de vino y pasar el mal trago de haber visto cómo un hombre era asesinado. Trató de centrarse en todo lo que le transmitía la zona, pasear y empaparse de las buenas vibraciones que recibía de los nombres de todos aquellos escritores. El destello dorado de los caracteres consiguió paliar un poco su congoja por lo ocurrido.

Ya no estaba en plaza Catalunya de Barcelona, disfrutando su copa de vino, sino que esta vez se encontraba en la Plaza del barrio de las Letras y, desde luego, aquello no sonaba mal del todo. ¿Cómo no inspirarse a escribir aquí?, cuestionó con una sonrisa. Se dio un corto paseo por el barrio mientras iba leyendo lo que decían sus creadores, lo que provocó que esbozara sonrisas constantes y cómplices que solo ella interpretaba. Los transeúntes se limitaban a hacerse fotos para sus redes sociales, mientras ella interiorizaba las citas de las mejores obras de los autores españoles. Se sentía inspirada y con ganas de ponerse a escribir.

Comprobó que a esas horas las calles estaban muy transitadas, por lo que decidió volver al hotel, no sin antes pasar por uno de aquellos famosos supermercados regentados por los «paquis», paquistaníes afincados en la capital que ofrecían productos muy variados a buen precio. Se hizo con una botella de vino, agua y cena porque tenía pensado no salir más, sino que aprovecharía el tiempo para escribir y organizar la visita a un centro penitenciario que había apalabrado para el día siguiente, la cárcel de Soto del Real.

Con las bolsas del supermercado en la mano, se subió al ascensor para ir hasta su habitación. Ella adoraba los hoteles y los aeropuertos, le inspiraban mucha paz y tranquilidad, esa que tanto necesitaba. Aquella que justo no encontraba en casa, ya que su pareja, Eliecer, era de no parar de hablar y de tener la televisión encendida hasta para comer, algo que Karla aborrecía.

La mesa de escribir con todo el material de la novela de Larson la estaba esperando, y ella se sentía feliz de centrarse de nuevo en su cometido. Antes de nada, echó un vistazo a su móvil y se llevó una sorpresa: Nikita Petrova, su nuevo *affaire*, le había escrito un mensaje de WhatsApp: «Hola, Karla, ¿cómo estás? ¿Todo bien con tu familia?».

Karla decidió llamarla.

—Hola, Nikita, gracias por el mensaje —la saludó.

—¡Hola, Karla! Entonces todo bien…

—Bueno, con mi familia muy bien, pero me he venido a Madrid por causa de fuerza mayor.

—¿Y eso? —preguntó Nikita—. Con lo contenta que estabas de compartir tiempo con ellos.

—Es largo de explicar y ahora me disponía a escribir —se excusó Karla.

—Vale, no te molesto, ¿dónde estás?

—En Madrid, en el barrio de las Letras, una zona muy chula.

—¿Quieres que cenemos esta noche y me cuentas?

—De acuerdo, vente, te paso ubicación —accedió Karla.

—Perfecto, hasta la noche —se despidió Nikita.

Karla se despojó de las bambas y el mono que llevaba puesto y entró en la ducha. La organización de los hoteles le encantaba, sabía que ella no había nacido para ser una mujer tan ordenada, por eso prefería que otros lo hicieran. El agua tibia la relajó, y con el hilo musical de fondo entró en «trance escritorio», tal y como lo llamaba ella, un estado que le permitía crear sin esfuerzo, durante el cual todo fluía. Se envolvió en una toalla y se puso su pijama azul lleno de soles, una prenda que había comprado por internet, pues como buena latina algunas veces le gustaba vestir de forma extrema y mezclar colores vistosos como el amarillo y el azul. Era su traje favorito. Se sirvió una copa de vino de Rioja que le supo a gloria, un Cune, pues a pesar de que mucha gente opinaba lo contrario, los paquistaníes también vendían buenos productos en sus tiendas. Gracias al vino y a la música entró en situación.

La novela la iba avanzando. Todavía no tenía claro el final porque dependía en gran medida de lo que le dijera Larson Aranda. Karla estaba a la espera de que se volviera a comunicar y le pasara más información, pues los datos de los que disponía gracias a los recortes iban menguando, y Nicolás ya le había avisado de que estaban trabajando en ello y que tratarían de enviarle más cuanto antes. Pese a ello, Karla decidió mandarle un correo electrónico a Larson a través de una aplicación llamada WriteAPrisoner, una herramienta que se había convertido en una especie de Facebook para las prisiones americanas.

En Estados Unidos, un país donde había casi dos millones y medio de personas encarceladas, dicha red social había crecido como la espuma, y era ya un hecho constatado que estaba sirviendo para hacerle la vida más fácil a los reos y permitir que se relacionaran con personas que estaban en libertad. Muchos internos recibían mensajes de ciudadanos anónimos durante su estancia en prisión. El portal llevaba abierto desde el año 2000, pero en los últimos años estaba logrando una enorme repercusión gracias a la difusión que había obtenido en redes sociales como Facebook.

Sus creadores definían WriteAPrisoner como una forma de ayudar a sobrellevar la extrema soledad que sufren los presos; contaba ya con más de cinco mil seiscientos perfiles activos de los cuales tan solo un ocho por ciento eran mujeres. Entre ellos, se encontraban los perfiles de ochocientos condenados a cadena perpetua y cien personas que esperaban su turno para ser ejecutados.

Cualquiera podía entrar en la web y escribir a los presos que les interesaran previa búsqueda online, ya fuera a través de una carta o correo electrónico. Incluso se les podía enviar una fotografía. Eso sí, Karla había leído que había ciertas restricciones. Tan solo se podían enviar cinco correos al mes, y los mismos siempre eran supervisados por la administración del penal, cuyo funcionariado se encargaba también de imprimirlos y hacérselos llegar a los presos dos veces al mes, ya que los reos no contaban con ordenador o conexión a internet en las cárceles.

Aranda le había dicho que usara WriteAPrisoner solo en caso de que fuera una cuestión importante, pese a que el tiempo de recepción de los correos podía llegar a dilatarse un poco. Karla era muy consciente de que, al tratarse de una red social, los guardias lo tendrían que leer antes de dárselo a Larson, pero ya habían convenido a través de Nicolás su uso en caso de emergencia.

«Hola, Larson, no sé si te llegará pronto este mensaje, pero te quiero comentar que se me han acabado los recortes y me quedo sin información, por favor hazme llegar cuanto antes más datos para avanzar con el libro. Espero que te encuentres bien».

Después de tres horas escribiendo, a Karla empezaron a dolerle los riñones, así que decidió hacer una siesta y descansar. Sin despertador, sin móvil y sin música, apagó el hilo musical y se quedó en rotundo silencio. Esa costumbre española de la siesta había llegado a ser tan importante para Karla como la comida para cualquier ser vivo. Karla se había dado cuenta de que por las mañanas Madrid despertaba más o menos igual que Barcelona, y que también eran muchas personas las que les gustaba dormir un poco después de comer, uno de esos placeres que solo podían disfrutar aquellos a los que sus horarios laborales se lo permitían, o si estaba de vacaciones o de misión, como era el caso de Karla.

Karla despertó a las ocho de la tarde. Había descansado como la bella durmiente; sus pilas estaban recargadas y sus riñones más descansados, pero ya no quería seguir escribiendo, el haber volcado el material la tenía bloqueada, así que empezó a mirar las noticias locales.

«Última hora»

»El narcotraficante ruso Adrik Petrov ha sido capturado en las inmediaciones de Chinchón, al parecer está acusado de mandar a asesinar a un joven que lo había traicionado. Petrov es el narcotraficante más importante del crimen organizado madrileño, y arrastra innumerables antecedentes penales. Pronto les revelaremos a qué prisión irá a pagar por ese brutal asesinato».

Karla, impactada por la noticia, no disimuló su satisfacción. Por lo menos el tipo ya no estaría en las calles de la misma localidad donde residía su sobrino.

«Esto es para brindar», se dijo. Se levantó y se sirvió una copa de vino. La ocasión lo ameritaba. Luego se acercó hasta su móvil y activó el sonido del terminal mientras degustaba el Rioja en la terraza de la habitación. A los pocos minutos, una llamada entrante la sorprendió. Era Nikita.

—Karla, ¿estás despierta?

—Hola. Sí, sí, acabo de levantarme. ¿A cuánto estás de aquí?

—¡A dos plantas!

—¿Cómo? —preguntó Karla.

—Sí, el hotel donde estaba no me gustaba mucho, así que investigué este y la verdad es que me pareció increíble, así que me he instalado aquí. ¿Estás ocupada? ¿O quieres subir?

—Justo estoy tomándome una copa de vino y no pensaba salir hasta la cena.

—Entiendo, ¿quieres que te acompañe?

—Vale, no hay problema —accedió Karla, al mismo tiempo que empezaba a sentir una emoción extraña que nunca antes había experimentado hacia una chica.

Lo cierto era que no veía a Nikita solo como amiga, la sensación que experimentaba al pensar en ella era más bien de atracción sexual. Después de haber vivido el intenso placer que le habían regalado sus manos días antes, viniendo desde Barcelona, no podía pensar en ella de otra manera. En ese momento, Karla recordó que tenía todo el material del libro de Larson por medio de la habitación, así que cambió de planes. Nikita no podía entrar allí, así que le mandó un mensaje de WhatsApp.

«Nikita, mira, dime tu habitación y me acerco en cinco minutos, es que tengo un caos "escritoril" aquí».

A los pocos instantes llegó la respuesta.

«Claro, mi habitación es la 504. Te espero».

Karla se cambió y cogió la botella de vino Ribera del Duero para no desentonar ni llegar con las manos vacías. Se puso cómoda con unas zapatillas deportivas, de esas que tenían pelo y brillo y que podía llevar con cualquier cosa, pero que siempre se veían elegantes. Decidió dejar el móvil en su habitación, lo único que le acompañaría sería el vino. Su pantalón de terciopelo y su jersey de cuello alto eran la muda más cómoda que podía llevar una mujer para pasear por Madrid sola, pero esa vez la disfrutaría dentro de la habitación con una extraña.

Cuando llegó a la habitación, tocó el timbre y, de inmediato, la despampanante Nikita Petrov le abrió la puerta. Iba casi desnuda.

—Pasa, ¿no me digas que has traído vino? Te dije que yo tenía aquí, y que, si no, pedíamos.

—No quería venir con las manos vacías, tranquila, me gusta también beber en compañía —dijo Karla, que vio que Nikita estaba preparada para una cita sexual, aunque no exenta de cierto romanticismo gracias al ambiente que se respiraba en el hotel.

—Perdona que te reciba casi en pelotas —dijo la rusa—, pero siempre que llego de la calle me pongo esto, es muy cómodo para mí.

—Tranquila, como en tu casa —sonrió Karla—. Por cierto, ¿has visto las noticias?

—No. ¿Qué ha pasado?

—Ay, creo que han detenido a tu primo el narco, Adrik Petrov.

—Ah, ¿sí? ¡No me jodas! ¿Cuándo ha sido eso?

—Ahora mismo, pon las noticias si quieres.

Nikita agarró el mando y puso el televisor. Su cara de asombro —y a la vez de satisfacción— no se hizo esperar. Confirmó lo que había dicho Karla y apagó el aparato, dispuesta a servirse una copa.

—¿Quieres otra?

—Ven, coge de esta botella —sugirió Karla—. Acabémosla antes de empezar otra. Y… una pregunta, Nikita, ¿tú no me habías dicho que tenías que desplazarte un día de estos hasta una prisión para ver a tu primo? ¿Acaso tienes otro más?

—No, me refería a Adrik, sabía que lo iban a encarcelar.

—¿Cómo lo sabías? —inquirió Karla—. No entiendo nada.

—Cosas de negocios, Karla. —Nikita se encogió de hombros—. Es mejor que tú no sepas nada de eso, pero la verdad es que ya sabíamos que tenían pensado ir a por él. Es que él estaba seguro de que se iba a librar de nuestra gente.

A Karla todo aquello le sonó muy extraño, aunque no dejaba de haber cierto parecido en la forma de hablar de Nikita y la de los narcos colombianos cuando planeaban sus idas y venidas. Se dio cuenta de que no era solo una chica que trabajara como ejecutiva, sino que era muy probable que anduviera metida en algo de naturaleza más oscura. Pero no le importó. Ya con las copas encima, y con Petrov dentro, la satisfacción era mayor.

—Cuéntame de ti, Nikita, de mí sabes hasta dónde tengo a la familia, pero no sé nada de ti.

—Pues mira, venía de Barcelona cuando nos conocimos en el tren, estuve allí reunida unos días con una gente, y ahora en Madrid haré lo mismo.

—¿En qué gremio me dijiste que te movías? —quiso saber Karla.

—En el hotelero —repuso Nikita—. Manejo negocios de algunas personas importantes. O sea, que administro capitales. Y… soy de Rusia, creo que ya te lo había dicho. —Nikita soltó una risotada.

—Ajam —asintió Karla—. ¿Sabes? En Colombia se dice que «cuanto menos sepas más vives», y no quiero saber nada ni de tu primo ni de ilegalidades, no quiero problemas, pero ya que estamos quiero comentarte algo que me ocurrió esta semana en la prisión de Navalcarnero.

—¿Qué te pasó?

—Pues que un trabajador de tu primo me amenazó, me dijo que Petrov se había leído mi novela y que fuera con cuidado.

Nikita abrió mucho los ojos y su rostro adquirió el color de la cera vieja. Resopló y se puso a caminar de un lado a otro de la habitación, con la copa en la mano. Karla, sentada en la cama, la observaba con inquietud.

—Karla, ¿qué tienes tú que ver con mi primo? —le espetó de repente.

—Absolutamente nada, te lo juro —contestó ella—. Simplemente, durante mis años como funcionaria de prisiones en Colombia conocí a un capo de mi país, sobre el cual escribo en mi primera novela, y al parecer resulta que Petrov y él son enemigos. Y, según parece, a tu primo le molestó que yo escribiera sobre él en mi novela.

—No entiendo nada —le confesó Nikita—. Y quién es ese hombre sobre el que has escrito y que al parecer tanto molesta a mi primo —agregó—. Si se puede saber... y tranquila que yo no te voy a hacer nada.

—Se llama Larson Aranda alias «Piruleta».

Nikita abrió mucho la boca.

—¿¡En serio!? ¡¡Lo conociste!!

—Sí, claro y fuimos amigos. Qué pasa, qué sabes de él... —Karla se levantó de la cama.

—Bueno, sé cosas, pero todo de oídas —aseveró Nikita—. Lo que supe es que mi primo Petrov le robó unas líneas comerciales aquí en Madrid, y que se enfrentó con los hermanos Aranda cuando vivían aquí. Pero ese tal Larson es muy respetado por mi gente, y supongo que también por los colombianos. Tu amigo Aranda es el patrón, y un caballero, un tipo muy serio en sus negocios, cosa que mi primo no es, la verdad.

—Menudo susto me acabas de dar, porque yo no tengo nada que ver con ese mundo, Nikita, te juro que no. —Karla volvió a sentarse en la cama y agachó la cabeza mientras sujetaba la copa de vino con las dos manos.

Nikita, al verla, se arrodilló y le apartó el cabello de la cara con una suave caricia.

—Tranquila, cariño, ya lo sé... y, lo siento, pero he tenido que investigarte... y he sabido que estás limpia.

Karla torció el gesto y la copa de vino estuvo a punto de caerse de su mano.

—¡Joder! Pero ¿tú quién eres, tía? Me estás asustando.

—Ya te dije que conozco gente y hago negocios, pero bueno... me muevo en el mundillo de los altos ejecutivos, y escucho conversaciones sin querer... y algunas cosas sé.

—Estoy por irme de la habitación, estos temas me ponen de los nervios —se quejó Karla—. Veo que tenemos poco en común, yo de sangre caliente y tú de sangre más fría —le dijo mientras se lanzaba un gran sorbo de vino.

—Ajam, así que soy fría..., ¿acaso no cambiaste tu percepción sobre mí en el tren? ¿O te faltó algo? ¿Cómo sabes que soy fría, si no me has visto apretar un gatillo?

—¿Qué dices, loca? —Karla estaba a punto de ponerse a dar saltos de puro nerviosismo.

—Que no, que es broma... —Trató de tranquilizarla la rusa—. En serio, todo el mundo dice que los rusos somos fríos, pero no sé...

—Lo digo porque en Rusia hace mucho frío, y en Colombia mucho calor. Aunque... bueno, aunque yo ahora vivo en España. ¿Y hasta cuándo estarás aquí, Nikita?

—Ni idea, yo no tengo fecha fija de vuelta a Moscú. Sino que son mis jefes los que me dicen cuándo debo regresar. Por eso me lo tomo con tranquilidad. ¿Tienes marido, Karla?

—Sí, sí, claro, solo que me gusta de vez en cuando viajar sola y lanzar mis proyectos, me cansa estar siempre haciendo el papel de esposa, prefiero tener la excusa de las presentaciones para viajar sola, ¿y tú?

—Bueno, esposo no, pero sí varios amigos. Y cuando me canso de uno, llamo al otro, así no tengo tiempo de aburrirme. Aparte, con mi trabajo, es imposible tener una relación estable. ¿Sabes? Me gustaría asistir a una de tus presentaciones en Madrid, ¿me invitas? —le soltó la rusa de repente.

—Bueno… estas próximas no, porque pienso que no te dejarán entrar —dijo Karla.

—¿Y eso por qué?

—Porque las hago dentro de las prisiones españolas, y hay que pedir permisos especiales para entrar. Por ejemplo, mañana voy a la cárcel de Soto del Real.

—Ya veo, pues a esos sitios no entro, pero si la programas en alguna librería de la zona me avisas, me encanta leer. Sobre todo, novela negra, es mi favorita, aunque creo que ya te lo dije en el tren.

—Pues mira, ya que estoy aquí en Madrid buscaré algún sitio, a ver si con tan poco tiempo me dejan programar alguna. Y…, Nikita, ¿cómo es tu trabajo exactamente?

—Pues me llaman para que vaya a reunirme con algún millonario y que le explique planes de negocios y cosas así, o en otras situaciones hago de traductora; en otras, de dama de compañía, depende de cómo esté ese día mi ánimo, ¡ja, ja, ja!

Karla dejó caer una mueca de asombro.

—¿Dama de compañía? ¿Tienes un chulo o algo parecido? Perdona que te pregunte esto. Es que una mujer tan hermosa como tú… y tan inteligente…, me cuesta creerlo.

—¿Sabes qué pasa? A veces mi jefe me encomienda una misión, pero si el pez gordo se fija en mí, yo entro como parte del plan, es decir, así lo convenzo más rápido para que diga que sí a la propuesta de negocio que sea, y yo me llevo una gran comisión por esa gestión. Y como no tengo marido, ¿qué más me da acostarme con un hombre? Encima de alto nivel. A mí me encantan —le confesó—; me tratan superbién, y me dan más dinero por mis servicios. A veces mi jefe ni se entera, pero porque el tema es una decisión mía. A veces acepto acostarme con ellos después de la negociación, al menos así me aseguro de que van a aceptar mis condiciones.

—Buff, qué fuerte, suena de película, nena.

—Y lo es, me lo paso genial trabajando así —admitió Nikita—. Viajo mucho, gano mucho dinero y me comen el coño cada vez que quiero. Y, aparte del dinero, cenas y regalos que me hacen los clientes de manera voluntaria… No me considero prostituta, sino una mujer de negocios. Los hombres hacen negocios, y «negocian» a su manera, no sé si me explico. —Karla asintió, como dándole la razón—. Esos hombres invitan a sus clientes a noches completas, les pagan la cena, los llevan a beber y les pagan prostitutas, y estas, a su vez, les ofrecen cocaína pagada por el artífice de los encuentros… se trata nada más que de negocios, todo es una inversión, y nosotras las mujeres también tenemos nuestras armas. ¿Qué te parece?

—Es fuerte, la verdad, pero lo comprendo —volvió a asentir Karla—. En el mundo de los negocios a ese nivel, supongo que no se guía uno por los sentimientos. Y todo vale, lo he escuchado de algunos amigos empresarios. La primera vez me sorprendí, pero bueno… yo no estoy en ese mundo. Así que no sé cómo actuaría si lo estuviera, supongo que me volvería cada vez más fría. Total, siendo buena solo me he llevado palos en la cabeza o puñaladas traperas.

—Así es, manda don dinero. En mis citas con un cliente, si veo que me mira mal después de la propuesta del negocio, pero se quiere ir conmigo a la cama, directamente le digo que no, es que ya ni me pone por más guapo que sea. Tengo claro cuál es mi principal cometido. Si es tajante al decir que no acepta las condiciones de la negociación, directamente me pongo ácida y no le doy ni la hora. Lo más importante es el negocio con mi jefe, esas comisiones son mucho más altas que acostarme con un tipejo, así me dé regalos o lo que sea.

—Claro, quedas con ellos con el objetivo de cumplir una misión, y si no se alcanza el objetivo es normal que no quieras ni verlos —concedió Karla—. Yo te entiendo en eso, Nikita, los tíos quieren tu coño, pero les molesta que tú quieras su dinero. Al final todo es una transacción.

—Exacto, así me lo tomo... y así tengo la vida que quiero y con quien quiero, ¡y que no me joda nadie!

—Pero ¿te has enamorado alguna vez? —se interesó Karla.

—Sí, y no una vez solamente. ¡Pero mira que me he dado oportunidades! Me he ido a vivir con un par de tíos con la idea de crear una familia, de tener nuestro proyecto, una casa e hijos, pero siempre, al final, todo se tuerce. Cuando no te tienen es cuando más te valoran; a ellos les gusta verte siempre arreglada, y no de mujer de casa, es todo muy contradictorio, es como que prefieren verte lejos para valorarte... ¡los tíos están chalados! —declaró Nikita.

—Pues a mí me ha pasado eso recientemente —quiso contarle Karla—. Mi actual marido estuvo muy enamorado de mí cuando nos conocimos, hace ya muchos años, y nos encontramos de nuevo y comenzamos una relación. Yo creí en ese amor que él, al parecer, llevaba guardado. Me di la oportunidad y se la di a él, pero la verdad es que ahora sé con seguridad que me tengo que separar. Él está fatal de la cabeza, viene de una familia muy desestructurada y machista, chapado a la antigua, y eso me tiene muy cansada. Yo ya tengo mis hijos mayores, no quiero que me compliquen la vida y él lo hace.

—Te entiendo, Karla. A estas edades, y con lo independientes que somos, si no nos tratan como princesas, que se vayan a la mierda. Lo que pasa es que me va muchísimo el sexo y no sé qué me pasa, pero cuando veo un hombre con dinero, con clase y encima dispuesto a negociar, se me mojan literalmente las braguitas como si me hubiera orinado. Es más, muchas veces es tanta la excitación y el placer del olor a colonia fina y piel hidratada y cuidada que, mientras estamos follando, siento como si me orinara, literalmente. Al principio, cuando me ocurrió por primera vez, me dio mucha vergüenza; al tío de turno le tocó sacar a airear el sofá y ponerle todos los químicos que tenía en su casa, ¡pero ni así se iba el puto olor!

Karla no pudo evitar soltar una carcajada.

—Mira que me he follado a hombres normales y nunca me había ocurrido, pero lo que me pasa con estos ricachones es otro nivel —prosiguió contándole Nikita—. Son otras ligas, y despiertan en mí los instintos más profundos, unos impulsos que ni yo sabía que tenía, y eso a ellos les vuelve locos. Es un efecto inmediato, y ellos a veces se dan cuenta, y si se la como, o me los follo, es como el broche de oro de la negociación, y yo soy como una especie de «regalo» que les hace mi jefe y así ganamos todos. —Nikita empezó a reírse también—. ¿A ti te ha pasado alguna vez, Karla?

—El qué…

—Eso de orinarte de puro gusto… —le aclaró Nikita.

—Sé de qué hablas. —Karla se sonrojó un poco mientras asentía con la cabeza—. Hace unos cuatro años me ocurrió con un puto guitarrista de una banda de rock. Mira que follábamos como cerdos… y nos pasó lo del sofá, olía como a pis, y sentí una vergüenza que flipas, y también le tocó a él tirar el sofá. Al final, cuando lo íbamos a hacer, nos metíamos en la ducha o nos tocaba poner algún plástico, una movida muy complicada y placentera a la vez, pero desde que lo dejé nunca más me volvió a pasar.

—Joder, yo pensaba que solo me había pasado a mí, tenemos más cosas en común de lo que me hubiera imaginado —dijo Nikita.

Karla volvió a mover la cabeza en ademán afirmativo.

—Eso parece, querida amiga.

—Venga, ponme otra copa —le instó la rusa—, me quiero emborrachar.

Las carcajadas continuaron hasta las tantas de la noche gracias al vino, que se les iba subiendo a la cabeza. Además, ambas se sentían muy a gusto. También las miradas de complicidad femenina que se dedicaron la una a la otra. Fueron tres horas fantásticas, pero al final Karla decidió marcharse. Pensó que ya era suficiente y que era mejor bajar a su habitación y dormir bien para poder afrontar su visita a una de las cárceles de alto *standing* de España, la prisión de Soto del Real.

UN PREMIO Y UNA VISITA INESPERADA
CAPÍTULO 4

Habían pasado ya un par de meses y Larson no contestaba a los mensajes de Karla. A ella le parecía un poco extraño. Pensó que quizás su amigo el capo había caído en una fase de desaliento y no tenía interés en continuar con el libro. Eran cosas que se le escapaban de las manos. A ella le apetecía seguir y estaba dispuesta a inventarse lo que hiciera falta, pero el hecho de que fuera un manuscrito a cuatro manos implicaba contar con el otro. Así las cosas, no le quedaba otra opción que esperar.

Un día, para su sorpresa, recibió un correo electrónico:

Hola Karla,

Muchas gracias por escribirme, y me alegra que las cosas te vayan bien. Necesito me envíes tu número de pasaporte para darlo aquí y que autoricen tu entrada al penal. Creo necesario que nos veamos. Tienes razón, lo mejor es encontrarnos lo más pronto posible.

Disculpa la brevedad de esta nota, lo que debo decirte es mejor que lo haga en persona, recibirás instrucciones al respecto.

Hasta pronto.

Tu amigo

L. A.

Cuando leyó aquellas palabras, Karla sintió como si le atravesaran el corazón con una estaca. Todos los miedos que había sufrido con anterioridad se disiparon, volvía a tener entre sus manos la oportunidad de plasmar por escrito una gran historia, así que inmediatamente respondió al capo enviándole sus datos. Ya no sentía ese amor y admiración que la embargaban cuando era una joven funcionaria, pero sabía que cuando escuchara su voz, aquella que le delató en Brasil y que a los policías les sonó conocida y que llevó a su detención, la haría recordar aquellos años. Aunque su rostro se encontraba desfigurado por todas las cirugías a las que se había sometido el capo para cambiar de aspecto, su voz era insustituible.

El coronavirus había detenido toda actividad a nivel mundial. Los duros meses de confinamiento extremo durante los cuales solo se podía salir a comprar comida, la economía paralizada y el miedo en el cuerpo de toda la comunidad internacional estaba dando una lección al ser humano. Ahora los héroes eran los médicos, enfermeras y profesionales sanitarios en general, ya que eran ellos los únicos que se atrevían a atender a los afectados.

Aunque siempre había sido admirada como una de las mejores del mundo por ser gratuita, la sanidad española había sufrido un varapalo económico. Los recortes de personal y de presupuestos eran la queja diaria de los usuarios, una situación que se había prolongado durante casi una década. Fueron años de despilfarro donde los españoles e inmigrantes abusaron de los servicios médicos. Solo hacía falta ir un domingo por la noche a cualquier hospital para ver la cantidad de gente que acudía a las urgencias —muchas veces después de una resaca— para conseguir una baja médica y no ir a trabajar el lunes. En los hogares, abundaban los medicamentos, en muchos casos acumulados en cantidades industriales: ibuprofeno, analgésicos y un sinfín de productos farmacológicos. La tendencia no era decir: «Doctor, no me recete, ya tengo en casa», sino todo lo contrario: «Hágame otra receta, me quedan pocos».

Era un derroche que no tenía fondo. Y si a eso se le sumaba la inmigración, que fue llegando desde el año 2000, y que era atendida simplemente enseñando el pasaporte, la situación empeoraba. Todo ello propició que el propio sistema sanitario entrara en la UCI. Los recortes, por tanto, no se hicieron esperar, y el coronavirus llegó justo en esa etapa de recesión económica en la salud.

Aunque el nuevo virus chino sorprendió hasta a los países más adelantados, la escasez de EPIS, mascarillas y guantes hizo que muchas empresas se dedicaran a fabricar estos productos sin importar lo que hicieran con anterioridad. Así fue que grandes firmas de la automoción, como la SEAT, se lanzaron a fabricar respiradores asistidos con el motor adaptado de los limpiaparabrisas, con ánimo de colaborar con el sistema sanitario. Ciento cincuenta empleados de diferentes áreas de la compañía trabajaron en trece prototipos hasta sacar el más efectivo. «La motivación de todas las personas que participamos en este proyecto es ayudar de la manera en que sabemos, que es fabricar en serie un equipo, esta vez para salvar vidas», pudo leer Karla en el periódico, en una entrevista al jefe de producción de la compañía de automoción en Martorell.

Muchas empresas que se habían dedicado a la moda y confección textil empezaron a fabricar uniformes y mascarillas. La solidaridad española era conocida a nivel mundial, todo el planeta sabía que «España es una nación "de ayudar"», y de eso Karla estaba al tanto desde que había estado en el terremoto de Armenia en el año 1999. El ejército español y los aviones con ayuda humanitaria eran reconocidos a nivel mundial.

Sobre el 20 de mayo se empezó a levantar poco a poco el confinamiento, dividiéndolo por fases y zonas y dependiendo de la cantidad de contagios. Con más de veintiocho mil muertos por el notorio virus chino, España intentaba salir de la crisis sanitaria, pero le esperaba una economía en números rojos después de casi tres meses con todos los comercios y empresas cerradas. Se esperaba el caos.

La mayor parte de la actividad se retomó con las personas protegiéndose con mascarillas y pantallas transparentes típicas del sector de la soldadura. Karla, que era muy sensible a los agentes químicos, temía por su salud, y salir a continuar con su labor de presentar la novela era un riesgo que no quería correr, por lo que fue retomando sus presentaciones de forma virtual en las redes sociales o en videos en directo por Instagram. Hasta se atrevió a hacer un perfil de Tik Tok con tal de llamar la atención de los lectores. Para ella todo valía con tal de no asistir de manera presencial.

Gracias a una amiga poeta, se inscribió en un concurso en Roma, donde su primera novela fue elegida como finalista. Tendría que ir a la ceremonia personalmente, así que aprovechó para programar un viaje romántico con su esposo y así, sin contárselo previamente, pedirle perdón por lo que había hecho con Nikita en Madrid.

Los primeros días de su periplo por Italia resultaron todo un éxito, ya que su mente estaba muy relajada y disfrutaron como nunca como pareja. Al mismo tiempo, el haber quedado como finalista en el certamen de narrativa resultó ser un chute de adrenalina para seguir escribiendo.

Un día, mientras estaba en el hotel, justo antes de irse a dormir, le llegó un *email* de la prisión federal de New York. Le daban fecha y hora para que estuviera en la puerta del penal y poder acceder para encontrarse con el capo Larson Aranda. No sabía cómo comentárselo a su esposo, y dudó entre decírselo u ocultarle el asunto. Así que cuando lo acaba de leer, dejó el iPhone en la mesita de noche y decidió sacar toda su adrenalina por la noticia haciéndole el amor a su esposo como jamás se lo había hecho.

Eso era lo que más subía su libido: la emoción, el peligro, ese chute que sienten muchos empresarios españoles cuando quieren celebrar un avance o una buena entrada de dinero, y cuando algunos recurren a las prostitutas y se meten unas cuantas rayas de coca para celebrarlo. Karla no lo necesitaba, solo el saber que iría a ver a su amigo Aranda alteró todo su mundo y necesitaba exteriorizarlo con un orgasmo fuera de serie. Y, para conseguir eso… ¿quién mejor que su marido, con el cual esos días había conseguido cierta complicidad?

Una vez acabaron de hacer el amor subieron al cielo.

—Cariño, ¿qué ha sido eso, por Dios? —le preguntó Eliecer—. Nunca me habías follado así.

—Mira, una que se inspira de vez en cuando. —Karla sonreía—. Ya sabes que soy muy mental… y si te follas mi mente, me follas entera.

—Pero…, no te entiendo, ¡si no te he dicho nada!

—Tranquilo, ¿lo has disfrutado? —inquirió Karla.

—Sí, sí, claro, fue alucinante, quiero que todos nuestros polvos sean así.

—Bueno, eso no te lo puedo garantizar. Por cierto, amor, una cosa.

—Dime, cielo. —Eliecer se incorporó para escucharla.

—Es que tengo que viajar a USA en una semana.

—¿Cómo? ¿Y eso?

—Mi amiga Awilda me necesita —dijo Karla—; tiene un problema muy grande y quiere que esté con ella.

—Joder, ya sabes que no me cae bien tu amiga.

—¿Cómo? No me lo habías dicho, ¿qué te ha hecho?

—Nada, pero… cuando estuvo en casa, ¿no viste que siempre me llevaba la contraria? Yo creo que trataba de hacerme enfadar a propósito.

—No, solo fue una conversación, es que tú te alteras por todo —protestó Karla.

—¿Ves? —Eliecer resopló—. Siempre defiendes a tus amigas y a mí no. No quiero que viajes, que se espere tu amiga hasta que podamos ir los dos. Iremos juntos a visitarla, si tanto te necesita no creo que le importe. Tú sola no vas —decretó con rostro serio.

—¿Perdona? —Karla se puso seria—. Yo no te estoy pidiendo permiso, te estoy informando.

—Pues no te dejaré salir de casa. Hasta aquí hemos llegado, siempre me estas jodiendo la vida, ¿crees que vives sola?

Karla decidió callarse. Era lo mejor, dadas las circunstancias. No quería provocar otra discusión interminable, otra de tantas. Estaba claro que Eliecer era una persona traumatizada y llena de complejos, inseguro y muy machista. La decisión estaba tomada, y al igual que había viajado a Madrid para presentar su novela, lo mejor era largarse a Nueva York sola y escapar de él por unos días. Estaba claro que el influjo tóxico de aquel hombre la negatividad permanente que imprimía a cada cosa que hacía no la dejaban avanzar ni estar tranquila.

Ya no quería discutir, estaba cansada de esa situación, así que decidió darse una ducha y refrescarse, que siempre era mejor que pelear. Una vez dentro del baño, y a solas, dejó que el chorro de agua cayera por su espalda y resbalara por su torso, empapándole el cabello, que se derramó sobre ella como una cascada. Karla apoyó las manos contra la pared con fuerza, como si fuera a caerse. Sus lágrimas se confundían con el agua. Sabía que ya no aguantaba más a su marido y que tenía que tomar una decisión definitiva. Apartarse de él unos días era bueno, pero abandonar por completo aquella vida en común, sin duda, sería mucho mejor para ella. Él no podía seguir fastidiando sus proyectos. Así que su mente empezó a asimilar la decisión que acababa de tomar. «Se acabó», pensó. Salió de la ducha con los ojos como tomates.

—¿Te has enfadado? —le preguntó su marido en cuanto la vio.

—No, tranquilo. ¿Me visto y vamos a tomar una copa?

—Sí, claro —asintió él—. ¿Verdad que no irás a USA? Es que no quiero quedarme sin ti otra vez.

—No sé qué haré. Ya te diré, de momento no quiero hablar.

—Vale, vale… y disculpa.

Karla continuó vistiéndose mientras trataba de dominar su rabia interior, que intentaba salir de ella como si fuera una escena de la película *Parásito*. Pero estaba agotada de tantas discusiones, ya no quería más desgaste.

Salieron del hotel en busca de un sitio cercano para tomar una copa. El desánimo embargó a Karla e impregnó hasta su ropa. Una sudadera, un pantalón vaquero y unas zapatillas deportivas eran suficientes para pillar una borrachera. De haber dependido por completo de ella hubiera salido sola para no tener la presión de seguir haciendo el papel de esposa feliz. Pero, al final, lo mismo daba, aguantaría con tal de no tener que ver la cara de amargado de su marido.

Nada peor que pasear por una ciudad como Roma, y más después de ganar un premio literario, y tener que hacerlo en mala compañía.

«Esta noche se me hará eterna», pensó Karla.

El polvo que habían echado hacía una hora ya se le había olvidado. En esos momentos solo tenía en mente su decisión de separarse y planear su viaje a los Estados Unidos. Todo tendría que ocurrir en tan solo una semana, porque no se podía arriesgar a viajar estando todavía con su marido. En varias ocasiones anteriores, Eliecer se le había atravesado en la puerta después de una discusión para que ella no se fuera, ya conocía su *modus operandi*. Esta vez no le funcionaría. Pensaba acudir a su cita con Larson en USA, de eso estaba segura.

A su regreso a Barcelona recibió una llamada de Nicolás, diciéndole que se encontraba en la ciudad y que se tenían que ver para darle algo importante que le había enviado Larson. Aquello sorprendió mucho a Karla, pues Nicolás siempre operaba en la sombra y no se dejaba ver. Dirigía los asuntos de Larson con una discreción total y siempre en secreto. Karla supuso que aquel gesto de quedar con ella suponía un importante voto de confianza hacia ella, así que quedaron en el hotel Mandarín, una de las terrazas más importantes de paseo de Gracia e ideal para tomar una copa de vino. Karla llegó a la cita con plena confianza en sí misma. Ya no era la chica tímida y apocada que había conocido a Larson Aranda en Cali, ahora su seguridad era evidente.

—Hola, Nicolás. ¡Tú por aquí! Lo cierto es que me parece extraño.

—Sí, es que Larson te envió un dinero para que viajes sin problemas y yo me encargaré de organizar todo y ofrecerte lo que necesites.

—Pero si no es necesario, ya compré el billete esta mañana.

—Hago lo que dice mi patrón. —Nicolás se encogió de hombros—. Para él es muy importante verte y quiere atenderte como te mereces. Por cierto, este regalo es para ti, de parte de él. Te pide, por favor, que no lo rechaces.

—¿Qué es? ¿Lo abro ya? Que no sea nada ilegal, ¿eh?

—No, no... —Nicolás soltó una carcajada—. ¡Cómo se te ocurre! Desde hace ya mucho tiempo él tiene en la mente otras ideas, piensa de otra forma y ha dejado muy atrás todo ese mundo que ambos conocíais. Pide una copa de vino y brindemos por toda esta locura.

—Camarero, por favor una ribera del Duero, un Pesqueira —pidió Karla.

—Con gusto, señora —repuso el empleado.

—Bueno, Karla, ahora sí que está todo el proyecto enfilado, todo esto es muy emocionante para mí. Y también para mi... —Nicolás dudó—, para mi cliente, para Aranda.

—Claro, el libro va viento en popa, pero tengo algunas dudas para desarrollar el final.

—Adiós, Karla, nos vemos en USA, apenas llegues me dices dónde te recojo.

—Ok, Nicolás, y muchas gracias.

Karla terminó su copa con la calma de las aguas, en paz y feliz; no tenía ningún miedo, acariciaba su regalo sin saber qué era, pero no le provocó desconfianza alguna.

Un rato después fue hasta su casa para abrirlo; la forma de su empaque tan fino y elegante decía de quién provenía. Karla se sentó, apartó las solapas de la caja y dentro de ella encontró una bolsa de terciopelo azul oscuro; desató el lazo plateado que sujetaba la bolsa y encontró un bolso de lujo que brillaba como una noche estrellada; era metálico y con brillantes, y con un buen fajo de billetes dentro. Era tanta la belleza del bolso que Karla empezó a temblar. Nunca había visto algo igual, así que accedió a internet para buscar marca y diseñador, y se encontró con que era un modelo exclusivo que no logró encontrar en ninguna de las tiendas de las firmas más famosas. Hasta que puso en Google los bolsos más caros y lo encontró: el Ginza Tanaka Bag. Un bolso en plata revestido con más de dos mil diamantes, y que además poseía un diseño multifuncional, pues el mango podía ser separado y utilizado como un collar o una pulsera, y el diamante en forma de pera de la parte frontal se podía usar como broche. Era una verdadera joya valorada en más de millón y medio de euros. Lo que tenía entre las manos no era un complemento exclusivo, sino una verdadera joya de coleccionista.

Se aceleraron sus pulsaciones, ya que no sabía dónde esconderlo sin que su esposo se diera cuenta de lo que era. Sacó el dinero y siguió investigando dónde podría guardarlo sin que nadie se enterara; en vez de estar feliz, se puso muy nerviosa, tenía que deshacerse de él, no lo podía tener en su casa. La vida le había enseñado que no tenía que confiar en nadie, y mucho menos en el hombre del que estaba dispuesta a separarse. También pensó que si lo depositaba en un banco y lo guardaba como si fuera una joya, le preguntarían de dónde lo había sacado, y no podría decir que se lo había enviado un capo de la droga, así que decidió hacer lo que había aprendido de Larson, buscó los materiales para «encaletarlo» en el patio de su casa. Esta vez tenía que volver a recurrir a internet, no tenía ni idea de cómo hacerlo.

Así que pidió al joyero del barrio, un rockero que iba en su Harley Davison y que de vez en cuando le arreglaba algunos pendientes, que por favor le vendiera una bolsa grande hermética, hecha de tela a prueba de deslustre con cremallera. El plan era más complicado de lo que parecía, así que recordó que el armario que habían comprado para el pasillo de su casa llevaba incorporada una especie de caja fuerte que nunca había utilizado con su marido. Allí nadie metía las manos. Solo ella.

Contó el dinero, que iba todo en billetes de quinientos euros. «Lo difícil que es ver uno de estos, ¡y más tantos juntos!», pensó. Un buen fajo que daba hasta miedo contar. Estaba claro que Larson no quería que le faltara nada durante el viaje. Así las cosas, empezó a planear su partida con los deberes hechos.

RUPTURA
CAPÍTULO 5

En pleno desconfinamiento, y después de ver cómo su marido perdía la cabeza por completo por culpa del encierro que habían sostenido, Karla no pudo esperar más y dio un paso adelante. La situación que vivían por culpa de la COVID-19 y el desastre económico que se avecinaba provocaron que un día Eliecer perdiera por completo la cabeza y comenzara a despotricar contra Karla y su profesión, por lo que ella tuvo que despacharlo.

—¡Maldita la hora en que te convertiste en escritora siendo mi pareja!

—¿Cómo? ¿Qué estás diciendo?

—Pues que te has pasado el confinamiento escribiendo y escribiendo, ¡y me has dejado de lado! —gritó él—. ¡Esto no lo voy a aguantar más!

—¿Perdona? El que tu prefieras estar de vacaciones todo el día pegado a la televisión no quiere decir que yo tenga que hacer lo mismo. ¡¡No me gusta la caja tonta y lo sabes!!

—Pero solo estás conmigo por la noche para ver una peli —protestó él—. Solo paras a comer y ya está.

—Lo sé, pero tengo que entregar esta novela, estoy metida en un proyecto muy importante, he tratado de explicártelo varias veces, pero nada...

—Sí, lo sé, pero realmente a mí no me gusta lo que haces, ¡soy tu marido!

—Nadie te ha preguntado, es mi vida. ¿Sabes qué? —Karla vio la oportunidad de afrontar el asunto—. No soy la persona para ti, no nos hagamos daño, mejor separémonos, es el momento.

Él perdió los nervios por completo. La amenazó con tirarla por la ventana o clavarle un cuchillo si ella no se adaptaba a él. Por ende, la solución era la separación. Sin más.

Al día siguiente Eliecer se fue del piso. Era lo mejor que podía suceder. Karla se quedó sola intentando centrarse en sus proyectos personales y profesionales. Había adelgazado ya algunos kilos por culpa de la presión que tuvo que soportar durante esos dos meses de confinamiento; su estómago se había cerrado y mantenía un mal humor constante. Ni siquiera le apetecía maquillarse, se estaba apagando lentamente y lo que la mantenía viva era la escritura. Así las cosas, y ya sola, retomó con fuerza el proyecto con Aranda. Su viaje era inminente en medio de tanto caos personal, pero era algo que venía deseando que pasara. No era feliz con Eliecer, o, mejor dicho, Eliecer no era feliz nunca, ni con ella ni con nadie, y de paso estaba contagiando esa amargura a Karla. Una persona tóxica no es feliz, y es por ello que no puede hacer feliz a nadie. Eso Karla lo tenía claro. Por más que le pidió que fuera a un psicólogo, su marido nunca le hizo caso.

El viaje a los Estados Unidos se acercaba, y Karla vivía aquellos momentos asustada, nerviosa y con una profunda emoción constante. Sus sensaciones eran nuevas y estimulantes. Había soñado tanto con el momento de ver a su viejo amigo que borró rápidamente de su cerebro todo aquel embrollo por el que estaba pasando en su vida personal.

Karla sacó el bolso de diamantes y lo puso en su habitación; ya no tenía que esconderlo, simplemente lo acariciaría hasta que llegara la ocasión de usarlo o venderlo. Mientras lo admiraba, lo veía a un nivel tan alto que no se atrevía a pensar en qué podría usarlo algún día. Pensó que quizás debía preguntarle a Larson qué podía hacer con él.

La fecha señalada llegó, así que Karla cogió un taxi y se fue rumbo al aeropuerto del Prat de Barcelona, para luego acercarse a una de sus cafeterías favoritas en el interior de sus instalaciones. Le gustaba tomar una copa de vino antes de viajar, su ritual era imperdible, y más con motivo de ese viaje. El vino tinto le supo delicioso. Cuando llamaron por megafonía para embarcar, Karla supo que, en ese mismo instante, un nuevo amanecer asomaba a su vida.

NARCOS RUSOS EN MADRID
CAPÍTULO 6

Karla llegó a la estación de Atocha, donde tenía que esperar a su sobrino para que la llevara a Chinchón, un pueblo a poco menos de una hora de Madrid. Al coger su maleta, dispuesta a bajar, Nikita la cogió de la mano a modo de despedida. Karla estaba un poco desubicada por culpa de la vergüenza que sentía. Solo quería bajar del tren corriendo, no quería mirar a los pasajeros y mucho menos a los que se encontraban próximos a ellas. Nikita se imaginó que Karla lo estaba pasando mal y quiso calmarla con un gesto de la mano; luego la siguió con paso rápido y ambas arrastraron las maletas hacia la puerta; Karla se dirigió donde había quedado con su sobrino Hernán, que la esperaba tal y como habían quedado.

—Hola, tía, ¿cómo estás? Qué tal el viaje —Hernán miró a Nikita con curiosidad.

—Bien, *sobri*, muy bien —repuso Karla.

Hernán volvió a mirar a aquella mujer tan alta y estilizada.

—¿Vienes con ella? —le preguntó a su tía.

—Ah, ehm… —titubeó Karla—; perdona, sí, nos hemos conocido en el tren, te presento a Nikita —añadió.

—Hola, soy Hernán Santodomingo, sobrino de Karla.

—Encantada, soy Nikita, Nikita Petrova, pero… ya me iba. —La rusa se acercó a Hernán y le dio dos besos; después repitió la operación en las mejillas de Karla.

—Gracias, Nikita, por tu compañía, estamos en contacto —dijo Karla a modo de despedida.

—Claro, hasta luego.

La rusa echó a andar hacia la zona de paso de los taxis.

—Huy, tía Karla, qué mujer más hermosa, ¿es modelo? —preguntó Hernán en voz baja después de unos segundos, mientras observaba aquel contoneo irresistible.

—Pues creo que no, trabaja en Bienes y Patrimonios… o algo así —contestó su tía.

—Buff, ¡menudo caballo! Qué alta. Su apellido me recordó a un narco ruso que dicen que se esconde en el pueblo, en Chinchón. Pero él se apellida Petrov, y ella Petrova, ¿no?

—Sí. Me dijo que tenía un primo en la cárcel o no sé, en fin, ¿qué más, *sobri*? Muchas gracias por venir.

—De nada, tía, qué alegría tenerla por aquí.

Los abrazos y los besos no se hicieron esperar. Karla tenía muchas ganas de ver a Hernán. Su sobrino tenía casi la misma edad de ella y habían compartido juntos muchas experiencias desde pequeños, igual que con su hermano Juan David. Caminaron hacia el aparcamiento mientras Karla le pasaba el brazo por los hombros. Estaba feliz de estar en Madrid y sentía dicha por reencontrarse con Hernán después de tanto tiempo.

—Y entonces, tía, qué vienes a hacer por aquí, aparte de visitarme, claro está…

—Vengo a presentar a los internos de una prisión la novela que escribí. El evento se va a celebrar en una institución penitenciaria.

—Ya, ya, eso me había dicho. Usted siempre con esos bandidos.

—Bueno, creo que es un buen escenario de presentación, ellos también tienen derecho a que les visite una escritora que, además, entiende sus mentes. Es un tema difícil de explicar.

—¿De verdad crees que ese tipo de gente lee? — inquirió su sobrino.

—*Sobri*, te sorprendería la cantidad y calidad de las mentes que existen dentro de las prisiones; hay personas muy inteligentes que, por avatares de la vida, están presas, pero eso no les convierte en mejores ni peores. O en más lectores o menos. En serio.

—Bueno, bueno, me alegra verla y que comparta unos días con nosotros por aquí.

—A mí también, *sobri*.

—Y Eliecer… ¿cómo es que no vino?

Karla hizo un esfuerzo por maquillar un poco la rabia que sentía, aunque prefería decir la verdad acerca de la situación que atravesaba con su marido.

—Déjalo, él tiene su trabajo y esto lo quiero hacer sola. Eliecer muestra una actitud muy negativa hacia todo lo que emprendo, critica cada paso que doy.

—¿Ah sí? Yo pensaba que la apoyaba.

—De cara a la galería, sí, pero creo que voy a dejarle. —Karla torció el gesto—. Me carga mucho y no me deja tranquila. Este viaje, para mí, también implica cierta escapada de él, aire fresco.

Hernán asintió con gesto rápido y prefirió no seguir ahondando en el asunto.

Ya instalada, Karla se dispuso a visitar el bar de una amiga de su sobrino. El lugar, según le habían comentado, rezumaba ambiente colombiano, tanto por su decoración como por la música que sonaba a todas horas. Al entrar se llevó una agradable sorpresa. Una alegre melodía salsera copaba todo el lugar. En las paredes podían verse imágenes de Cali, Bogotá o Bucaramanga; una vieja gramola, que en esos momentos descansaba con placidez en un rincón, ofrecía en vinilo viejos éxitos colombianos mezclados con música moderna, desde Alci Acosta a Gloria Stefan.

Karla decidió degustar empanadas con ají acompañadas de Poni Malta.

—Otro día, dependiendo de la hora, me tomo un aguardiente del Valle —le dijo entre risas al camarero.

Karla se sentía a gusto. Su periplo madrileño no podía empezar menor, degustando delicias de su tierra y acompañada de su sobrino, cuando, de repente, un chico que venía de la calle, asustado y sudando como si el mismísimo Satanás le persiguiera, se metió corriendo en el local. Estaba claro que aquel chaval huía de alguien, así que tía y sobrino se giraron muy rápido y se escondieron en una esquina, junto a la gramola, hasta que pasara el follón. Desde detrás de la puerta escucharon cómo el encargado gritaba y amenazaba al recién llegado.

—¿¡Qué te pasa de nuevo!? ¿Por qué te metes aquí? ¿No ves que esto es un sitio familiar?

—Hermano, déjeme esconder aquí, por favor —suplicó el chico.

—Que te largues, *hijueputa*, has asustado a nuestros clientes. —El hombretón señaló con el dedo hacia los comensales, donde lloraba una cría—. Mira la niña, ¿no ves que vienen los pequeños aquí con sus padres? Joder, lárgate.

—Hernán, ¿qué pasa? —preguntó Karla.

Su sobrino la cogió de la mano y la condujo hasta un pasillo estrecho; terminaba en una puerta que daba acceso a un pequeño almacén, donde ambos se ocultaron de nuevo.

—Metámonos aquí, porque si este vino corriendo es que lo persiguen «armados» —dijo Hernán—. Se puede liar la *hijueputa* aquí, tía, es que esto está muy caliente.

—¿Caliente? ¿Qué me estas contando? Estamos en Madrid, no en Colombia. Cuéntame, qué es lo que pasa aquí.

—Pues resulta que muchos bandidos que trabajan con drogas en Madrid han venido a residir aquí a Chinchón con sus familias —le reveló su sobrino—. Pero, claro, también hacen sus negocios en la localidad, y desde que el estafador inmobiliario más grande de España decidió alquilar todo lo construido aquí, este pueblo que todos vimos como una oportunidad se ha convertido en una *papa* caliente, y ya no sabemos qué hacer.

—¿Cómo qué no? ¿Y a qué esperas para irte de aquí? —le expresó Karla muy enfadada—. Uno no viene de Colombia a meterse en berenjenales, uno deja su tierra para estar tranquilo, o es que les gusta la *maricada* pues.

De repente un silencio se apoderó de todo el lugar.

—¿Están ahí? —les dijo la dueña del lugar.

—Sí, ¿podemos salir?

—Ya está todo controlado, salgan.

Su sobrino se levantó del suelo y abrió la puerta con sigilo.

—¿Qué pasó, vieja? —preguntó Hernán—. Si aquí siempre estamos tranquilos, por eso he invitado a mi tía.

—Lo siento de veras —respondió la dueña, que guardó silencio cuando vio que el encargado del bar se acercó hasta ellos.

—Hermano, de verdad que lo siento mucho —le dijo el hombretón a Hernán—. Y perdone usted también, señora —agregó dirigiéndose a Karla—. Un loco me ha calentado el bar metiéndose aquí, parece que lo iban a *chuzar* y se metió en la primera puerta que encontró abierta.

—Vámonos, sobri, paguemos y vámonos, no quiero estar aquí —dijo Karla.

—Ni yo tampoco, tía, siento mucho haberla recibido así.

—Tranquilo, no es tu culpa.

—Vámonos a tu piso. Ya paso de conocer esto —añadió Karla, que se prestó a pagar la cuenta para que luego ambos salieran de allí despavoridos.

Cuando logró tranquilizarse, ya en casa de su sobrino, Karla desplegó sobre la cama todos los recortes de Larson, cerró la puerta y quiso adentrarse de nuevo en su biografía. Al igual que le había ocurrido en el tren, no sabía por dónde empezar, así que, teniendo en cuenta cómo había enfocado el asunto en el tren, cogió una hoja en blanco, además de bolígrafos, lápices y rotuladores, y se dispuso a crear una estructura coherente. No necesitaba musas, ya tenía al «muso» de Aranda, que la venía acompañando desde su primera novela.

Su mente se elevaba a un mundo que conocía bien, pero que en ese momento observaba con una nueva perspectiva. «No lo puedo creer, de nuevo conectada con Larson», pensó, mientras preparaba las líneas maestras de la narración y mordía de nuevo su labio inferior, ese gesto que solía hacer cuando algo la emocionaba o conseguía excitarla.

«¿Por dónde empiezo? —se preguntó—. Tiene que ser con algo muy excitante — respondió ella misma a medida que iba trazando una estructura por medio de la tabla de contenidos del *software* que usaba para escribir—; en fin, toda su vida lo es».

Se levantó de la cama y cogió sus auriculares, buscando la música adecuada para inspirarse aún más y entrar en ese trance que tanto necesitaba. Le gustaba mucho escuchar la música de Billie Eilish, y eligió, para empezar, la canción *Bad guy*; sin poder evitarlo, se subió a la cama y empezó a saltar y dar vueltas al ritmo de la música, pero teniendo cuidado con los recortes; quería entrar en esa nube a la que solo le daban acceso las buenas canciones e historias. De repente, se sentó, cogió los papeles y descubrió uno muy particular que decía:

«Candy Project, salvaremos el mundo, querida amiga. Pronto más noticias».

Karla se quedó inmóvil, y contrajo la cara con gesto de extrañeza; no entendía a qué se refería el apunte en concreto, porque se salía de contexto y no tenía nada que ver con lo que contenían el resto de los documentos. Después de pensar un rato en ello, Karla cayó en la cuenta de que era un mensaje de Larson directo para ella, una especie de «sorpresa» que le tenía reservada, y en su rostro se dibujó una sonrisa sin poder hacer nada para evitarlo. Supuso que, de mirarse al espejo, tendría la boca extendida como Julia Roberts en *Pretty Woman*, y aquella imagen en su cerebro le provocó una ristra de nuevas carcajadas. Acababa de pillar el hilo por dónde tirar para desarrollar la historia, pero además aquel simple papelito le había conferido muchas energías. Fue como si hubiera escuchado la voz de Aranda. Estaba claro que el gran Larson, el calculador y metódico narcotraficante, le había trazado una línea a seguir entre los colores y retazos de su vida.

—*Wow*, menudo cabrón, pero te he pillado... —dijo Karla mientras reía a carcajada limpia—. Por dios, si es que me hablas sin estar.

Sin esperar un segundo más, rompió las hojas donde había empezado a elaborar la estructura anterior y comenzó a pensar solo en pasajes y notas del mismo color, para ir uniendo las anotaciones que le hacía. Él, el propio Larson Aranda, la estaba ayudando de una forma tan sugerente como si le hablara al oído, y Karla comprendió que solo tenía que tratar de emular la forma de trabajar de su mente maravillosa, un cerebro que le había hecho destacar desde el principio en todo el organigrama del narcotráfico colombiano.

Así fue cómo cogió otra hoja de nuevo y empezó a plasmar con rotuladores del mismo color que los retazos. «¡Dios, todo va cuadrando!», pensó. Sentía como si aquel mafioso estuviera con ella en la habitación, soplándole al oído la estructura, el «muso» estaba con ella casi en persona. Se desesperó a la hora de clasificar los recortes y organizarlos por números, pero estaba segura de que si lograba desentrañar todo aquel puzle lograría un gran adelanto.

—Vale, Larson ya te entendí —dijo en voz alta a pesar de estar sola.

«Toc toc, toc».

Alguien llamaba a la puerta, pero a Karla el sonido le llegaba desde tan lejos que no cayó en la cuenta de que los golpes sonaban en su habitación.

—Tía, ¿puedo entrar? —se oyó desde fuera—. Tía, ábrame la puerta.

Ella seguía en su nube de música y color como si de una película de Disney se tratara. De repente, Hernán empujó la puerta y se percató de que había irrumpido en medio de una fiesta literaria.

—Tía, perdone, pero la escuchaba hablar sola y riendo a carcajada limpia. ¿Quiere venir un momento?

—Ay, *sobri*, perdona, pero es que estoy con un tema aquí que no quiero soltar.

—Vale tía, apenas pueda, venga usted, es que necesito que hablemos de algo muy personal, necesito su consejo.

—Vale, vale, *sobri*. Dame treinta minutos y me acerco.

Hernán cerró la puerta y Karla prosiguió con su búsqueda musical, tratando de encontrar algo ligero y relacionado con la historia de Larson. Así que recurrió a YouTube y escribió en el recuadro de búsqueda las palabras «criminal» y «*voila*». Entonces aparecieron Natti Natasha y Ozuna interpretando, dentro de una prisión, la canción *Criminal*. Su risa permanente y sus ojos brillantes no podían estar más centrados en la historia. Por fin había logrado dar una forma más concisa a los trozos de papel.

Al rato, Karla salió de la habitación a darse un descanso, o por lo menos eso quería, así que se puso sus chanclas y caminó por el pasillo hacia el salón, donde le esperaba su sobrino con una copa de vino tinto. Hernán la conocía y estaba al tanto de sus gustos.

—Cuéntame sobre esa copa, ¿es para mí?

—Claro, tía, bienvenida a Chinchón… y que sepa que estoy muy feliz de tenerla por aquí.

—Gracias, sobri, perdona si me ves muy ocupada, pero es que estoy escribiendo otro libro y me tiene entretenida.

—¿Ah sí? ¿Y de qué va esta vez? No me dirá que otra vez de la cárcel. —Hernán soltó una carcajada copa en mano.

—Pues claro, ¿sobre qué más va a ser? —Tía y sobrino coincidieron en una sonora risotada.

—Bueno, cuéntame, ¿de qué querías hablar conmigo? —le instó Karla.

—Pues..., ¿cómo le explico? —dudó Hernán—. ¿Se acuerda del chico que entró corriendo hoy en el bar?

—Como para olvidarlo. Al final, ¿en qué termino todo?

—Pues resulta que un grupo de mafiosos rusos se ha instalado aquí y se lo quieren cargar —le reveló Hernán en tono de confidencia.

—¿Y a mí que me cuentas? Cada uno se busca sus problemas.

—Tiene razón, tía, pero resulta que mi exmujer, la madre de mi niña, se ha metido en vueltas con esa gente y yo no sabía nada.

—Joder, pero ¿esta tía es tonta o qué le pasa? —masculló Karla.

—Lo que ocurre es que después de nuestra separación se enamoró de Petrov —aseveró Hernán.

—¿Y ese quién es?

—Un narco ruso que se esconde aquí en este pueblo, y la muy tonta nos ha puesto en peligro a mí y a la niña.

Karla dio un respingo.

—Joder, sobri, eso es muy grave. ¿Los han amenazado?

—De momento, no, pero como yo administro un sitio de apuestas, el tal Petrov, cada vez que llega de sus viajes, va allí con sus amigotes a gastarse mucho dinero, y me tiene muy caliente el sitio y no lo puedo echar.

—¡Menudo problema! ¿Y por qué me cuentas esto?

—Pues porque usted va a entrar a las prisiones de aquí de Madrid, ¿verdad?

—Sí, ha eso he venido, para presentar la novela a los presos.

—Vale, pues tenga mucho cuidado porque Petrov tiene mucha gente por allí regada, y no sea que la relacionen a usted con Larson Aranda.

—¿¡*What*!? —saltó Karla—. ¿Y qué tiene que ver eso?

—Bueno, pues que siempre han sido enemigos, y aunque ha pasado mucho tiempo, ese hombre, el ruso, le odia a muerte, porque Larson le jodió unas rutas comerciales en España que él controlaba.

—Hostia, pues yo no sabía nada de eso —le confesó Karla al mismo tiempo que se encogía de hombros—. Y tú, ¿por qué lo sabes?

—Ay, tía, porque, lamentablemente, tengo varios contactos que están en ese mundo, y un día mencioné tu novela, que habías conocido a Aranda... todo eso, y el tema se regó como la pólvora.

—¡Joder! —protestó Karla—, ¿por qué no me habías dicho nada?

—Porque prefería hacerlo en persona, tía.

Karla se quedó en silencio y tomó un sorbo de tinto. Después trató de cambiar de conversación y tranquilizó a su sobrino hasta el punto de hacerle olvidar el tema. Procuró compartir con él recuerdos de infancia y ambos rieron en un ambiente distendido y familiar por recordar cosas que habían vivido de pequeños.

EN EL INTERIOR DE LA CÁRCEL
CAPÍTULO 7

A la mañana siguiente, Karla se despertó temprano, se dio una ducha y fue a tomarse un café a un establecimiento del pueblo mientras esperaba a su taxista, ya que los centros penitenciarios se encontraban lejos del casco urbano de ciudades o pueblos, y llegar a ellos con autobús era muy complicado.

Su primera visita a una prisión española estaba revestida de ilusión y, a la vez, de mucha curiosidad. El vehículo la dejó en la puerta del centro penitenciario de Navalcarnero, y ella miró hacia la portería observando la distancia que la separaba del edificio. Llegó a la entrada, donde la esperaba una empleada del Estado.

—Buenos días —le dijo la funcionaria.

—Buenos días, tengo una presentación de mi novela aquí, soy Karla Santodomingo —se presentó ella.

—Ah, claro, por aquí tenemos la orden. Deme su documento de identidad, por favor.

Karla le pasó su NIE, ya que aún no tenía la nacionalidad española. La funcionaria la observó.

—Así que fue usted funcionaria en Cali, Colombia.

—Pues sí, así es —aseveró Karla.

—Esas cárceles son muy complicadas, ¿no? —le preguntó la mujer mientras buscaba la autorización que había cursado Instituciones Penitenciarias.

—Muchísimo, pero es el mejor trabajo que he tenido.

—Ah, ¿sí? Pero… ¿estuvo en la puerta, como yo?

—No, no, yo fui civil, y mi trabajo era el de «resocializadora». Me movía por dentro, en las entrañas de la prisión.

—¿En serio? A nosotras aquí nos ponen en las porterías, y las únicas chicas que trabajan dentro lo hacen en enfermería, psiquiatría… —pensó durante unos instantes—, ah, y está también la bibliotecaria. Bueno, pase y bienvenida, a ver… muéstreme la portada del libro.

Karla se la enseñó, sonriente.

—Véngase a la presentación —sugirió.

—Qué va, no puedo —se excusó la funcionaria—, pero algún compañero me contará acerca de todo lo que ocurra dentro. No le digo que tenga cuidado, porque si ha trabajado en Colombia…, lo cierto es que supongo que estas prisiones son muy diferentes.

—Eso me han dicho. Ya le diré a la salida —asintió Karla con una sonrisa cómplice.

Después fue a dejar su bolso y sus cosas en la taquilla. Echó un vistazo alrededor y se sintió como en el supermercado, porque si no tenía un euro, no podía guardar nada. Lo introdujo en la ranura de la puerta de una de las taquillas y colocó allí todo lo que llevaba. Se había preparado para la ocasión con un pantalón tipo chino, de color *beige*, una camisa blanca, zapatos cómodos y su sonrisa. La ilusión que tenía de estar allí dentro la invadía y saltaba junto a ella. Después se dirigió a una estancia decorada con azulejos y terrazo de color blanco que olía a desinfectante. Allí la esperaba un hombre que, supuso, trabajaría allí en las prisiones, aunque iba vestido de civil.

—Buenos días, y bienvenida.

—Muchas gracias —le saludó Karla—. Y usted es…

—El subdirector —respondió el desconocido—, y me encargaré de llevarla hasta el salón de actos.

—Mucho gusto —le dijo Karla mientras le estrechaba la mano.

—¡Así que fue funcionaria de prisiones en Colombia!

—Sí, así es, y ahora escribo sobre ello —asintió Karla.

—¡Menuda experiencia! —soltó el hombre con cara de asombro—. No me voy a perder la presentación.

—Genial. Si fuera posible, me gustaría que me acompañaran hasta el lugar donde vamos a presentar el libro —le pidió Karla.

—Claro que sí, a eso he venido. Por aquí. —Le hizo un gesto a Karla para que le siguiera.

Cruzaron a través de varias puertas y enrejados, y tuvieron que ir pasando los controles de seguridad habituales, mientras Karla observaba con expectación el edificio y el entorno de tranquilidad que se respiraba allí. Fueron cinco minutos de observación, al mismo tiempo que su mente analizaba las diferencias entre lo que conocía hasta ese momento, el penal de Villahermosa y la cárcel de mujeres de Cali, y lo que podía ver allí en Navalcarnero. Hasta que, por fin, se encontró con los primeros internos.

Karla sostenía la novela en su mano derecha; la izquierda la tenía metida en el bolsillo del pantalón, su espalda bien recta y erguida. Casi sin darse cuenta, había adoptado una postura que hacía muchos años no adquiría: la de una funcionaria de prisiones. Nada más imbuirse del ambiente carcelario, su cuerpo había reaccionado, su actitud cambió y el afán por andar con la columna derecha se apoderó de ella. Todo había sucedido casi sin que se diera cuenta: había entrado en situación.

Pese a que estaba nerviosa, fue saludando a los presos que se encontró por el camino, aunque por allí andaban —supuso— aquellos que ya habían cumplido una parte de su condena y que ejercían como ordenanzas, lo que en España solían llamar «presos de confianza». Las miradas de los

102

internos chocaban con ella y la auscultaban, pero Karla no se arredró, y ellos cayeron en la cuenta de que aquella mujer no les temía, porque les miraba fijamente a los ojos.

Llegó a la sala de actos. Era inmensa, nada que ver con la que ella había manejado en el penal de Villahermosa. El lugar contaba con un gran escenario, sillas y la estética de un teatro. El proyector estaba listo para usarse, colocado en la parte central del auditorio.

Karla caminó hacia el escenario escoltada por el funcionario, subió las escaleras y, para su sorpresa, allí estaba el director del centro penitenciario, esperándola, junto a una mesa preparada y decorada con un tapete, un ramo de flores y dos micrófonos.

—¿Cómo está? —le preguntó el subdirector—. ¿Nerviosa? Mire, este es el director.

—Muy bien, encantada.

—Muchas gracias por venir a compartir conmigo y los internos —le dijo el director, que se mostraba muy sonriente—. No quería perderme su conferencia.

—*Wow*, me halaga, espero les guste. Es el primer centro español que visito.

—¿Tiene intención de presentar su libro en algún otro? —curioseó la máxima autoridad del penal.

—Sí, claro, tengo pendiente la visita a seis centros más durante los diez días de estancia que tengo programados aquí en Madrid. Por cierto, qué bonita tienen ustedes la mesa, qué femenina. Muchas gracias. —Karla inclinó la cabeza con un gesto leve de agradecimiento. Se sentía reconocida y cuidada. Las flores, el tapete...; sin embargo, los dos micrófonos imponían un poco.

—Claro, usted se lo merece, ya me dijeron quién era y estoy muy feliz de que nos visite —insistió el director.

—Un honor para mí. Gracias —volvió a decir Karla.

—Aquí tenemos lo que nos pidió: dos micros, el proyector... —el director dudó unos instantes—, y ahora ya están sacando a los internos de los módulos.

—¿Cuántos vendrán? —quiso saber Karla.

—Sacaremos a todos los integrantes de dos módulos, entre ciento veinte y ciento cincuenta internos.

—Genial, cuantos más vengan, mejor. Es muy motivador para mí. —Se sentó en la mesa, apoyó la novela y olió las flores ante la atónita mirada de los funcionarios allí presentes.

Al poco, los internos fueron entrando. Karla levantó los ojos y se dedicó a observar a todos los que iban accediendo al lugar y cogían sus sillas; los miraba desde el escenario, donde permaneció sentada y callada. De fondo solo se escuchaba el murmullo de las voces de los reclusos. Algunos se saludaban, y los más amigos se abrazaban y daban muestras de alegría al verse. Otros, sin embargo, mostraron cara de desconfianza y rivalidad hacia sus compañeros de módulo allí presentes, estaba claro que las crestas de los gallos del corral tenían que salir a relucir en algún momento; pero la paciencia era una virtud que Karla había cultivado con esmero, y toda aquella exhibición por parte de los machos alfa de cada sector de la cárcel formaba parte del espectáculo; se lo tomó con estoicismo y permaneció a la expectativa y en silencio. Luego se levantó y se dirigió a dos internos a los que habían ubicado en la trasera del escenario; se presentó y les estrechó la mano, dándoles las gracias por ayudarla: eran ordenanzas, que estaban allí para lo que Karla pudiera necesitar, uno con el sonido y otro con el micrófono, pues así lo había dispuesto el director.

—Buenos días, chicos, ¿me podéis atender? —dijo Karla por el micrófono—. Estoy escuchando mucho ruido allí al fondo.

Algunos internos se giraron hacia ella y se sentaron, otros permanecieron de pie, a lo suyo.

—Ya los saludaste y abrazaste —le dijo Karla a un recluso que no paraba de charlar con sus compañeros. Según creyó entender, estaban en otros patios y al parecer se veían muy poco—. Me alegra ver que hay amistad entre ustedes, pero tenemos que empezar ya chicos.

Los internos en cuestión se dieron la vuelta para observarla y sonrieron; luego tomaron sus sillas mientras los demás ya estaban listos para escucharla. El director y sus subordinados también prestaron atención e incluso alguno de ellos hizo gestos de asentimiento. Karla no iba a dejar que la situación se le fuera de las manos, ella sabía controlar aquel entorno. Los funcionarios ubicados en la parte de atrás de la sala estaban también muy atentos a todo, eran muchos los presos aglomerados en un solo recinto, y pese a que estaban allí para asistir a la presentación de un libro que retrataba su mundo desde el punto de vista de una funcionaria, no por ello dejaban de ser delincuentes y, por tanto, necesitaban vigilancia.

Karla se volvió hacia el interno que manejaba el sonido y que estaba situado detrás del telón del auditorio, y le indicó que lanzara a la pantalla la presentación que había llevado guardada en un *pendrive*. A los internos pareció gustarles aquello de que se amenizara el acto con imágenes y permanecieron atentos a lo que se proyectaba. Las instantáneas de Karla cuando era joven parecieron agradarles. Pertenecían a la época en la que había sido funcionaria de prisiones en Colombia. Llegada la presentación a un punto determinado, Karla indicó a su ayudante que detuviera el vídeo.

—Bienvenidos, todos, a este acto, que no es otra cosa que la presentación de mi novela *La joven funcionaria de prisiones*. Estoy muy contenta de poder compartir con todos ustedes este momento tan especial para mí, porque hacía mucho tiempo que no entraba en una prisión. Mi nombre es Karla Santodomingo, soy exfuncionaria de prisiones y trabajé en Cali, Colombia, justo en los años posteriores a la muerte de Pablo Escobar. ¿Alguno ha escuchado hablar de él?

106

Los más de ciento treinta internos levantaron la mano al unísono.

—El patrón, ¡cómo no recordarlo! —Se escuchó en un lugar de la sala—. Era el jefe de jefes y patrón de patrones; era un duro.

—¡Era el más grande! —exclamó otro de los internos.

—¡Es nuestro héroe!, ¡cómo no recordarlo! —dijeron algunos más.

Karla pudo constatar en varios acentos de la geografía española, además de en marroquí, español de Colombia e incluso en ruso, que allí todo el mundo había oído hablar del gran capo de la droga.

—Vale —asintió Karla—. Pues yo estuve destinada en la prisión de Villahermosa cuando los hermanos González, del cártel de Cali, se entregaron, y este hecho dio nacimiento al cártel del Norte del Valle. —Observó de izquierda a derecha al auditorio, que tenía los ojos clavados en ella—. Luego, también empezaron a entregarse a las autoridades colombianas una serie de narcotraficantes mayores y menores debido a un acuerdo que habían alcanzado con el gobierno colombiano. He de deciros que aquello que hice durante esos años ha significado mucho en mi vida. Aquella labor, sin duda, ha sido el mejor empleo que he tenido, y he ayudado a muchos internos a descontar su tiempo de redención y ocupar su mente en cosas útiles. ¿A cuántos de vosotros os gusta leer? —preguntó Karla de repente.

Varios levantaron la mano.

—¿Quieres acercarte aquí? —Karla señaló a un chico que se encontraba en las primeras filas—. Hagamos una cosa. Lee los títulos de los primeros diez capítulos para que tus compañeros vean, más o menos, de qué trata mi novela *La joven funcionaria de prisiones*. ¿Cómo te llamas?

—Francisco.

—Encantada, Francisco. —El interno la miró mientras le estrechaba la mano—. Como te decía, necesito que leas los títulos de los primeros diez capítulos para que así tus compañeros vean de qué va la historia. Muchas gracias.

El interno comenzó a leer y Karla estuvo muy atenta a la reacción de los asistentes. Observó que muchos ponían cara de sorpresa. No con uno o dos de los títulos, sino con todos. Cuando acabó, indicó al recluso que podía volver a sentarse.

—Muchas gracias, Francisco. ¿Quién quiere leer otro pasaje que voy a señalar?

Varios levantaron la mano. Esta vez había voluntarios y Karla vio que estaban más relajados, el ambiente empezaba a distenderse y los presentes se iban metiendo en la dinámica del evento poco a poco. Karla indicó a uno de ellos que podía acercarse. El hombre leyó los títulos de otra tanda de capítulos, además de los agradecimientos y la sinopsis, ante la mirada de sus compañeros y alguna que otra risa maliciosa cuando el recluso se trababa en alguna frase. Karla, con una sonrisa de oreja a oreja, disfrutaba del momento, su momento.

—Bueno, chicos, ya han visto de qué va el tema. ¿A quién le gustaría leer este libro?

La mayoría levantó la mano, demostrando que el título de los capítulos les había atrapado.

La presentación transcurrió en un ambiente amable y lleno de buena energía. Karla fue relatando de forma somera algunos de los eventos que habían tenido lugar en Villahermosa y en el penal de mujeres. Los internos murmuraban entre ellos.

—Bueno, amigos, he traído otro video para que conozcan la prisión donde trabajé —anunció ante la aprobación general.

—¡Buah! Pero esas cárceles de Colombia son muy peligrosas —le espetó un interno.

—Exacto —aseveró Karla, que indicó a su ayudante que reprodujera el archivo.

Los internos y funcionarios de la sala se quedaron atónitos ante las imágenes; permanecieron con la vista clavada en el monitor todo el tiempo. Karla cogió de nuevo el micrófono.

—¿Se dan cuenta que en España están mucho mejor? Aquí las prisiones parecen colegios.

Un hombre con cicatrices en el rostro, piel curtida y seca y el cabello recogido en una coleta se levantó al fondo de la sala.

—Pido permiso para hablar —dijo con una voz muy ronca.

Karla observó su vestimenta, muy mal cuidada, con precaución de no reflejar en su semblante lo que pensaba. Vio que el interno llevaba también una riñonera bastante abultada. «A saber qué lleva ahí», pensó, para luego acercarse de nuevo el micrófono.

—Adelante, amigo, comparta sus impresiones.

—Para usted, esto parecerá un colegio, pero somos nosotros los que estamos encerrados aquí, y para nosotros es una prisión. Usted no es la que está metida aquí, no sabe cómo se vive dentro, cómo vive realmente un interno.

—Tiene usted razón, nunca he estado en esa situación, y no porque no me hayan propuesto cometer delitos —le advirtió Karla—. Le puedo asegurar que, en Cali, siendo funcionaria, trataron de que hiciera muchas cosas que hubieran supuesto cometer infracciones graves, desde convertirme en «mula» para introducir drogas en los módulos, hasta apuntar cumplimiento de tiempos de redención inexistentes a cambio de dinero; y, créame, a una madre soltera con dos hijos ese dinero le hubiera venido muy bien —dijo Karla mientras volvía a pasear su vista por el salón de actos—. Pero no es mi naturaleza, tomé la decisión de no aceptar. Siempre he tratado de medir las consecuencias de mis actos.

—Pues… ¿y si yo le dijera que tengo a mi mujer con cáncer y tres hijos pequeños que necesitan comer? —repuso aquel hombre—. A mí no me quedó otra opción que robar y entrar en prisión. —Había agravado su voz ronca, que empezaba a transmitir muy mal humor, e incluso cierto odio.

—¿Cómo se llama? —le pregunto Karla, que, al mismo tiempo, le pidió a uno de los asistentes que acercara el micrófono a aquel hombre para que todos le escucharan mejor.

—Mi nombre es Roberto, Roberto García —respondió el ofendido.

Karla se paseó por el escenario para meditar lo que quería decir. Metió la mano izquierda en el bolsillo del pantalón mientras que en la otra sostenía el micrófono. Después detuvo sus pasos y observó al interno fijamente.

—Roberto, ¿podría volver a contarnos de viva voz por qué delinque usted? Ahora con el micro, para que le oigamos bien todos —le pidió.

—Claro que sí, cometo delitos por pura y simple necesidad —contestó Roberto, esta vez hablando con claridad ante el micrófono—. Y no soy el único que lo hace por eso —dejó caer mientras se giraba, micro en mano, hacia sus compañeros—. Tengo a mi mujer con cáncer, y mis tres hijos solo me tienen a mí para llevar el dinero a casa. Por eso cometo fechorías que, al menos, me dejan un dinero al mes, ya que este puto gobierno no nos ayuda en nada. Entre la corrupción y las leyes, nos toca ser delincuentes.

—Roberto, y ahora que está usted aquí dentro… ¿quién está velando por su familia? —le preguntó Karla—. Digo esto porque creo que debería tener en cuenta a su mujer. La pobre no solo padece una grave enfermedad, como nos ha dicho, sino que encima ha de hacerse cargo de sus tres hijos mientras usted está aquí defendiendo lo indefendible. ¿Se ha hecho esta reflexión?

El interno la miró con rictus de sorpresa y con toda su valentía aplastada.

—Roberto, yo no soy nadie para juzgarlo a usted —le dijo Karla tratando de aplacar los ánimos—, pero le puedo asegurar que, aunque tuve un buen cargo en Colombia, decidí irme de allí con idea de proteger a mis hijos de lo que estaba pasando en Cali en esa época. Y, si se da cuenta, yo no soy de aquí, soy una inmigrante que ha venido a España buscando un futuro. Y aquí lloré sola, y me tocó hacer trabajos que nunca pensé que me tocaría hacer para sobrevivir y para tratar de sacar adelante a mis hijos y darles un mejor futuro. Y así estuve, triste, sin papeles, pero tratando de esforzarme siempre. ¿Entiende lo que es eso? ¿Sabe lo que es ser extranjero en tierra extraña? ¿Ir sin documentación? ¿Ser consciente de que el cualquier momento, si hubiera pasado algo, podrían haberme expulsado y separarme de mis niños?

—Bueno, no, yo sí soy español y no tengo problemas de papeles.

—Pero usted escogió el otro camino, ¿verdad? —le presionó Karla, aunque cruzó los dedos en su fuero interno para no hacerle enfadar—. Eligió no trabajar honradamente y joder a la familia que dependía de usted y del dinero que llevara a casa.

El interno no tuvo otra opción que asentir y guardar silencio, avergonzado. Karla le hizo una seña al ordenanza y Roberto le entregó el micro y se sentó. Karla trató de quitarle hierro al asunto.

—Esto que voy a decir no solo va por Roberto, sino por todos ustedes. Tenéis una segunda oportunidad para cambiar, tenéis tiempo de sanar esas almas y mentes, no se metan en más problemas aquí adentro, aprovechen el tiempo para estudiar, aprender un oficio o incluso, ¿por qué no?, ir a la universidad. Tenéis unas instalaciones que ya quisieran muchos en Colombia. Es vuestra vida y vuestro tiempo, pensad en vuestras familias, vuestros hijos y nietos. ¿Qué ejemplo les estáis dando? ¿Qué piensan de vosotros? Tenéis tiempo de remediar y de cambiar, solo depende de vosotros. Por mi parte, os aliento a escribir vuestras historias, soy consciente que desde la niñez muchos de ustedes han sufrido mucho por el entorno en el que han crecido, por las familias desestructuradas en cuyo seno les ha tocado crecer. No le hagáis lo mismo a las vuestras, por favor.

La sala se quedó en silencio. Muchos de los rostros aceptaron el regaño ante la mirada de los funcionarios de instituciones penitenciarias.

—Por otro lado, yo, por mi parte, les quiero apoyar. Si hay alguno que quiera escribir, que lo haga, y que hable con los bibliotecarios o funcionarios para que me lo hagan llegar a mí.

Al final de la presentación, varios internos se acercaron para hablar con Karla y darle las gracias por estar allí. Algunos también le confesaron al oído que ya estaban escribiendo o que habían pensado en hacerlo, y que al escucharla les había llegado la ilusión de continuar con ello o iniciarse en el asunto. Pero, de repente, un chico le pidió hablar con ella a solas.

—Karla, ¿me permite un momento?

—Sí, dígame.

Todos los demás se hicieron a un lado.

—Usted conoció a Larson Aranda, ¿verdad? —le preguntó el interno.

—Sí, claro, en mi novela hablo de él.

—Ah, vale —asintió el recluso—. Es que mi patrón me ha mandado que le diga que mejor no escriba usted tanto de esa supuesta «mente maravillosa», tal y como usted dice de él. De hecho, ya estamos informados del contenido de su novela y nos molestó mucho tener que leer ciertas cosas sobre Aranda. ¿Sabe por qué?

Karla había demudado el rostro. No le gustaba el tono con el que hablaba aquel tipo; de forma casi inconsciente, empezó a buscar con los ojos al director y sus subalternos.

—No, no lo sé... dígamelo usted.

—Porque mi patrón es el señor Petrov, enemigo número uno de ese hijo de puta de Aranda, así que váyase con cuidado.

Karla permaneció en silencio. Trató de forzar una sonrisa y mantenerla cuanto pudo. Acababan de amenazarla y nadie parecía haberse dado cuenta. Como todavía había gente que estaba esperando para hablar con ella, siguió atendiendo a los demás internos, pero todo lo bonito que había amanecido aquel día empezó a tornarse en gris después de lo que acababa de escuchar, y una sombra de preocupación se instaló sobre ella como si fuera una nube plomiza amenazando un aguacero. En cuanto pudo, se despidió de la gente y de los funcionarios, volvió a atravesar las diferentes rejas y puertas, recogió su documento de identidad y se montó en el taxi que la esperaba fuera del penal de Navalcarnero.

LA AMENAZA
CAPÍTULO 8

Después de salir del centro penitenciario Karla solo buscaba el silencio. Trató de obviar el sonido del motor del vehículo y la música que sonaba por los altavoces con los que iba equipado; en ese momento, para ella, no existían. Su mente estaba desconcertada y llena de ansiedad, aquella que hacía mucho tiempo no sentía, y todo por hablar de la «mente brillante» de Larson Aranda. No daba crédito a lo que estaba sintiendo, las palpitaciones de su corazón se aceleraron y su cerebro no podía dejar de recordar el rostro del interno que había dejado en su cuerpo aquella sensación de amargura. La habían amenazado de forma directa: «Váyase con cuidado», y no sabía qué pensar al respecto.

—¿Cómo le fue, señora? —le preguntó el taxista—. ¿Cómo la trataron los presos?

—Muy bien.

—Qué valentía la suya, yo no entraría allí ni, aunque me pagaran.

—Ya, bueno… yo simplemente quiero ayudarles y poner un granito de arena en su reinserción.

—Por mí que se pudran en la cárcel, son una panda de delincuentes todos ellos —decretó el hombre.

Karla no quiso continuar hablando. Bajó la mirada y quedó sumida de nuevo en un silencio pesado e intranquilo. Ya no tenía palabras, solo desazón. Quedaba por ver si aquellas amenazas eran solo un farol o alguien quería hacerle daño y estaba dispuesto a coaccionarla. Cuando entraron de nuevo en Chinchón, Karla decidió no ir directamente a casa de su sobrino, sino que le pidió al taxista que la dejara en un bar español cercano.

Entró por la puerta con ganas de sentir un buen caldo en su garganta, así que pidió una copa de Ribera del Duero, aquel vino que le había recomendado hasta la saciedad su pareja. Necesitaba pasar el mal trago vivido hacía escasa media hora con ayuda de la bebida preferida de los dioses. «Más me valdría ponerme hasta arriba de tequila en vez de tanto vino, y agarrarme una kurda de campeonato», caviló.

Sentada en una mesa, sola, se preguntó si sería factible la visita a otro centro penitenciario al día siguiente. La verdad era que aquel primer contacto con los internos españoles le había dejado un sabor de boca agridulce. Por un lado, había experimentado sensaciones nuevas, placenteras y estimulantes, pues la respuesta había sido buena, pero cerrar con ese broche de oro su primera presentación en Madrid le había hecho daño de verdad. «Maldito cabronazo», pensó.

Lo cierto es que estaba expuesta. Su mente se hizo mil preguntas acerca de quién podía ser realmente ese Petrov. No podía consultar a Larson Aranda al respecto, no quería tocar esos temas tan complicados, y más cuando su imagen se iba, poco a poco, haciendo pública, debido en gran medida al tema de presentar su libro en las cárceles. Las redes sociales hablaban de dónde estaría durante aquellos días, y qué penal visitaría cada jornada. Era lo normal, porque tenía que vender su novela, y aunque hacía muchas presentaciones en los centros penitenciarios otras tantas las pensaba celebrar en restaurantes y coctelerías de Barcelona. Aquella amenaza podía ser muy real, y la propia actividad de escribir y presentar su libro la dejaba expuesta e indefensa.

Nunca pensó que el haber hablado de aquel mafioso amigo le trajera problemas, y menos tantos años después. Solo sabía que el miedo que sentía no era bueno para ella, sino que resultaba negativo y paralizante, y tenía que hacer lo que fuera para quitárselo de la cabeza.

Después de dos copas de vino se levantó y abonó la cuenta. Luego se limitó a caminar por aquel pueblo tan aparentemente tranquilo y donde, al parecer, se escondía el tal Petrov. No podía hacer nada, no podía echarse atrás porque todo estaba rodando. Las presentaciones tenían que seguir, habían sido muchos los trámites y la logística para que pudiera visitar durante esa semana siete centros penitenciarios, así que llegó al piso de su sobrino y se encerró en la habitación. No quería hablar con nadie. Agradeció que el inmueble estuviera vacío y nadie le preguntara cómo le había ido. Faltaban unas horas para que llegaran de trabajar, así que podría estar un rato tranquila.

Decidió volver a los recortes que le había enviado Larson desde la cárcel de Maddox, en USA, pero no sabía qué hacer con ellos. Les dio vueltas y tuvo claro que tenía que tomar la decisión de seguir o dejar el proyecto y proteger su vida. Su dolor de cabeza la mantuvo en un difícil bloqueo físico y mental durante un buen rato, si bien las dos copas de vino ayudaron a provocarle cierto sueño, así que decidió echarse una siesta, aquella costumbre española que tanto le gustaba. Se puso el pijama, deshizo la cama y no dudó un segundo en descansar su mente. Tenía que hacerlo, en ese momento era algo muy necesario. En completo silencio, bajó las persianas y trató de que su interior se serenara.

Al despertar, y ya con la mente más clara, se dispuso a comer algo, así que arrastró los pies aún dormidos y, entre bostezos, entró en la cocina con idea de comerse un plátano y así darle potasio al cerebro, lo necesitaba. Justo en ese momento, se le vino una idea a la cabeza:

—¿Y si hablo con Nicolás y le comento lo que me ha ocurrido? Así no estoy con este miedo en el cuerpo, él sabrá qué hacer —dijo en voz alta como si alguien la oyera.

Caminó rápido hacia la habitación en busca del móvil.

—Hola, Nicolás —le saludó.

—Buenos días, Karla, ¿cómo estás? ¿Y este milagro? Nunca me habías llamado —le echó él en cara.

—Sí, ya lo sé, perdona... es que hoy me ha ocurrido algo que me tiene muy mal.

—Cuéntame. Tranquila, ¿qué ha pasado?

—¿Conoces a un tal Petrov? —El abogado de Larson Aranda se quedó mudo. Karla solo escuchaba su respiración al otro lado—. Nicolás, ¿estás ahí?

—Perdona, Karla, sí, sí que estoy... es que estoy pensando en qué responderte. Sí que lo conozco —le reveló—, pero me gustaría saber de dónde has sacado tú este dato.

Karla empezó a explicarle lo ocurrido en la cárcel de Navalcarnero. También sus sensaciones y miedos, estaba preocupada. Nicolás le comentó por encima quién era el capo ruso. «Es el enemigo número uno de Larson Aranda», le advirtió. Karla frunció el ceño ante lo que estaba escuchando.

—Lo único que te digo es que nunca más menciones ese nombre por teléfono, tenlo en cuenta por si volvemos a hablar —le pidió Nicolás.

—Ok, Nicolás, y gracias por la información.

—Por cierto, ¿cómo llevas el libro?

—Estoy de promoción con el primero, pero el segundo ya lo he empezado.

—¿Tienes miedo, Karla? —le espetó el abogado de forma repentina.

—Hombre, que me amenacen a estas alturas no es nada agradable, la verdad. Compréndelo.

—Tranquila, hablaré con Larson acerca de lo sucedido y tomaré las medidas que él me indique. Lo haré inmediatamente, para que estés tranquila.

—Gracias, de verdad. ¡Hasta luego! —se despidió Karla.

Colgó, más sosegada. Se llevó las manos a la cara, se hizo un moño y sacó todos los recortes para seguir con la tarea de la vida de Larson. «Procura no pensar en lo ocurrido», se obligó a sí misma. Lo cierto era que hablar con el abogado de Larson le había dado alas para seguir escribiendo. Volvía a sentir seguridad en sí misma. Si algo andaba mal, estaba segura de que Nicolás y Larson lo solucionarían. «Se supone que ellos todo lo pueden —pensó—; ¿o no?».

Lo que sí era evidente es que la actual situación había provocado que quisiera saber más del capo ruso vecino de Chinchón. Así que mientras seguía volcando la información de los recortes, abrió su iPad para investigar qué salía de Petrov en internet.

De repente la puerta del inmueble emitió un ruido al abrirse.

—¡Holaaa! —la voz de su sobrino asomaba al hogar.

—¿Qué tal, *sobri*? —gritó ella desde la habitación.

—Por aquí, tía, ¿y usted? ¿Qué tal su día?

—Bien, con mis cosas. Oye, estuve caminando por el pueblo, se ve tranquilo.

—Sí, pero ya sabe que no puede fiarse de nadie aquí — le advirtió Hernán—. ¿Se acuerda cuando en Colombia no podíamos hablar de la guerrilla o de los paramilitares porque no sabíamos quién nos escuchaba del bando contrario?

—Sí, vaya época. Entonces era cuando operaba la ley del silencio —asintió Karla.

—Pues aplique lo mismo aquí, uno nunca sabe quién está escuchando, y aunque usted no esté en ese mundillo, es mejor evitar todos esos asuntos.

—Te cuento, *sobri*, que hoy me ha ocurrido algo en la prisión que me dejó pensando.

—¿Qué ha pasado, tía?

Mientras ella le explicaba lo ocurrido con aquel interno que se acercó a hacerle aquella advertencia sobre su libro y Aranda, su sobrino, con rostro de preocupación, se llevó las manos a la cabeza.

—Tía, ¡mejor váyase de aquí!

—¿Qué dices? ¿Por qué?

—Cójase un hotel en Madrid, eso que le han dicho lo interpreto como una amenaza. ¿Usted no?

—Un poco, sí, y me tiene preocupada.

—Mejor váyase, y como estará varios días, yo ya me acercaré a visitarla.

—Pero, *sobri*, es que yo voy a seguir visitando los centros penitenciarios, y mi novela ya está en el mercado, o sea... lo hecho, hecho está.

—Sí, pero es mejor que Petrov no se entere que usted está aquí, si es que ya no lo sabe. Mejor evitemos calenturas.

—Tienes razón, quería estar aquí y compartir contigo —se quejó Karla—. Joder, ¡vaya mierda!

—Y se lo agradezco, tía, pero usted más que nadie conoce de estas cosas. Coja la maleta y la acompaño a Madrid.

Y eso hizo. Karla recogió todo lo suyo y preparó el equipaje mientras le daba vueltas a la cabeza: «¿Otra vez a emprender la huida? ¡Joder! Y encima sin comerlo ni beberlo». Por otro lado, prefirió no comentarle nada a su sobrino acerca de lo que había hablado con Nicolás.

El coche de Hernán estaba aparcado casi en el portal. Se dirigían hacia allí cuando, de repente, pasó aquel hombre que se había escondido en el bar. Caminaba muy rápido y mirando hacia atrás, como si le persiguiera de nuevo el mismísimo Lucifer. Tenía el rostro chorreando sudor y sus ojos mostraban el miedo que le invadía. Karla levantó la cabeza, lo miró y comenzó a llamarlo, ante la mirada atónita de su sobrino.

—¡Oye, oye!

El joven se giró mientras corría.

—Sí, dígame.

—¿Le ocurre algo? —preguntó Karla—. Es que lo he visto dos veces y en ambas ocasiones parece que se esconde usted de algo o de alguien.

—¡No puedo hablar!

De improviso echó a correr de nuevo, al tiempo que una moto de gran cilindrada asomaba por la esquina con la idea de alcanzarlo. El muchacho cruzó la calle mientras los dos encapuchados que conducían la motocicleta aceleraban y enfilaban de forma directa hacia él. Hernán cogió de la mano a Karla, cerró la puerta del coche, que tenía a medio abrir, y se dirigió rápidamente al portal.

—Vámonos de aquí, tía, ¡vámonos ahora!

De fondo se escucharon tres disparos, tres detonaciones claras. Karla se fijó en que el rostro de estupor de su sobrino se parecía mucho a aquel que tantas veces había visto en su Colombia natal, un mapa de la época del narcotráfico. Un escalofrío se apoderó de su columna vertebral. Parecía mentira... aquello era Europa, ¡Madrid! Y estaba ocurriendo, alguien había disparado a otro ser humano en plena calle.

Optaron por subir a toda velocidad al piso y se encerraron; luego Hernán insistió en que encendieran la radio y sintonizaran la emisora local, a ver si decían algo de lo ocurrido. Estaban muy nerviosos porque sospecharon en seguida que aquel chico había sido asesinado. Si dos sicarios en una motocicleta disparaban tres veces era para matar, y ellos habían estado allí y lo habían presenciado.

UNA JAULA DORADA

CAPÍTULO 9

Madrid amanecía inmerso en un distante murmullo de tráfico. Karla se levantó con él; tenía el cabello enredado como un enjambre de abejas y sentía la garganta como si hubiera comido papel de lija. «Con vino te acuestas y con agua te levantas…», pensó.

Se incorporó de la cama y abrió las cortinas, para luego entrar en el baño y beber un buen trago de agua. La resaca le estaba jugando una mala pasada, pero nada que no pudiera curar un buen café con leche caliente. Se duchó, se vistió y se lanzó a la calle en busca de un Juan Valdez a ser posible bien cargado, pero esta vez en la plaza de las Letras y no en su Colombia del alma. Tenía que recuperarse de la noche anterior, lo sucedido en Chinchón estaba olvidado, la capital la arropaba. Un taxi era la mejor decisión para moverse rápido en una ciudad que no conocía, así que caminó hasta la parada más cercana para empezar su recorrido hacia la jaula de oro, aquella prisión tan famosa construida y reformada para hospedar a los peces gordos de la trama Gürtel, entre ellos un tal Marcena y todo su combo, culpables de saquear de una forma descarada los fondos del Estado español.

En aquella cárcel no podía entrar cualquiera. Había personajes del mundo de la prensa rosa, políticos corruptos o ladrones de guante blanco. Y eso que en el mundo se pensaba que el principal foco de corrupción era el cono sur americano.

«¡Mentira podrida!», pensó Karla. El dinero y el poder envolvían y echaban a perder cualquier mente que se acercara a ellos, y ya no importaban ni los cargos públicos ni los estudios. Pobre, mi querida España. Todos querían saquear el tesoro público y en aquellos años la derecha se había cebado con los presupuestos, aquellos que tanto alardeaban de patriotismo español. Sinvergüenzas.

Bueno, he escuchado tanto de todo eso en las televisiones y periódicos que ya es hora de conocer los aposentos de la jaula dorada —se motivó Karla—. A ver si logro que alguno se dedique a pensar menos en el dinero y más en la literatura».

Cuando organizaba su plan de actuación para las presentaciones, había insistido mucho a Instituciones Penitenciarías en que quería visitar Soto del Real. La cárcel estaba enfocada a presos preventivos, y ya que estaban tan cerca de los juzgados al final se juntaban muchos internos allí. También conocida como «Madrid 5» aquella prisión era una de las macrocárceles que disfrutaba de mejores infraestructuras y muy buenos equipamientos. Eso sí, tras los muros, por más que fuera una prisión mejor que otras, no dejaba de ser eso: una cárcel. Y había presos que entraban en ella después de haber estado presentes en programas de televisión y que llegaban ya con la fama a cuestas. Muchos eran habituales de los ambientes políticos o el papel *cuché*. Por otro lado, se encontraban internos allí que, casualmente, habían aparecido en televisión semanas antes en pleno proceso independentista de Catalunya, así que estaba claro que allí no se escapaba nadie: ni el tesorero del partido referencial de la derecha española ni los radicales independentistas que se querían segregar de España. «Hay que joderse —pensó Karla—, si bien una jaula, aunque sea de oro, no deja de ser jaula», se dijo recordando aquello que se decía tanto en Colombia acerca de vivir encerrado.

La semana transcurrió de forma rutinaria: una visita diaria a cada prisión; era todo un poco mecánico, pero Karla continuaba centrada y con un único objetivo en la cabeza: dar a conocer su novela. Ya estaba acabando las visitas en los centros penitenciarios y entre la escritura y las presentaciones el cansancio empezaba a hacer mella en su estado de ánimo. Solo le quedaba una prisión y la había programado para la tarde del día siguiente, así que había decidido relajarse y tomarse el resto del día con tranquilidad.

El libro con Larson avanzaba, aunque esperaba más información por su parte para poder terminarlo. Sentía la satisfacción del deber cumplido, al menos con los datos que tenía en su poder; solo le quedaban algunos puntos por desarrollar y, para ello, era imperativo poder mantener una entrevista con el propio Aranda, para así determinar de manera definitiva el enfoque que tenía pensado darle y acabar de rematar las puntadas necesarias. Karla no tenía muy claro si Larson le mandase más recortes, y tampoco si accedería a que hablaran de manera directa, esas eran sus dudas. Además, estaban los interrogantes acerca de los nombres que usarían, si serian reales o no, ya que en el texto se hablaba acerca de muchos peces gordos del estado colombiano: policías, agentes de la DEA e incluso expresidentes. A Karla también le preocupaba el hecho de Larson podía tener guardadas más «caletas» millonarias, como las bautizaron en Cali. Eran muchos los interrogantes que esperaba que su amigo el capo pudiera despejar.

Esa noche, Karla decidió bajar a cenar al *hall* del hotel ataviada con un hermoso vestido largo que había comprado en su tienda favorita: Uterque, y que había llevado por si se presentaba en el viaje algún evento u ocasión especial; como no había sido así hasta el momento, decidió ponérselo para disfrutar de su propia compañía. Se acercó a barra del hotel decidida a beber un buen caldo de su majestad el señor Duero.

—Buenas noches. Una copa de vino, por favor, y que sea un Ribera del Duero. Muchas gracias.

—Y mejor si pides una botella —le dijo una voz al oído justo detrás de ella.

Karla se giró. Había dado un bote en el asiento debido al sobresalto.

—¡Ay, Dios! Qué susto me has pegado, Nikita —se quejó—. Vale, pues mejor una botella —añadió dirigiéndose de nuevo al camarero.

—Estás perdida, Karla, llevo días pensando en que no te veía. ¿Me puedo sentar?

—Sí, claro. Siéntate —accedió ella.

—¿Qué tal tu semana? —se interesó Nikita.

—Bien. He estado muy liada con mis cosas. ¿Tú qué tal? ¿Cómo vas con tus negocios?

—Superbién —asintió la rusa—. La verdad es que ha sido una semana exitosa, y por eso me vine aquí a celebrar sola... y justo te encuentro a ti. —Sonrió con los ojos brillantes.

—Pues yo ya estoy acabando, mañana tengo la última presentación.

—Ah, ¿sí? Y... cuéntame, ¿qué tal tu experiencia?

—La verdad es que muy bien —aseveró Karla—, contenta por la respuesta tanto de los internos como de los funcionarios, con eso de mis visitas.

—Supongo que venderás más libros ahora...

—No creo, nena, lo que hago lo hago por ayudar y sembrar una esperanza. Los internos no manejan dinero y no creo que venda mucho con ellos. —Karla sonrió.

—Estás preciosa, Karla, ese vestido te queda espectacular.

—Gracias, lo traje por si tenía que asistir a un evento especial, pero con lo reventada que estoy no he mirado nada por Madrid en esta ocasión. Y no me iba a llevar el vestido sin estrenar.

—Claro que no, además, las ocasiones las creamos nosotras mismas, ¿verdad? Te queda precioso, a ver, levanta y da una vuelta —le pidió Nikita.

Karla se levantó del asiento mientras la rusa cogía su mano para ayudarla a que girase en redondo.

—¿Sabes? Hace tiempo que no conocía una mujer tan interesante y bella como tú.

—A ver, rubia, ¿te has metido algo? —inquirió Karla—. O qué te pasa hoy… ¡ja, ja, ja, ja!

—Bueno, a veces me coloco, no te lo voy a negar, pero esta vez no, sino que me has impresionado mucho. Eres genial, y si fuera hombre te tiraba los perros y te comía toda, ¡ja, ja, ja!

—Boba, cállate que te conozco…Ven vámonos a otra mesa —sugirió Karla—, que al final pondremos cachondo al camarero, desde que entraste no para de mirarnos.

Se instalaron en la mesa más separada del *hall* del hotel para hablar más tranquilamente, estaba claro que había nacido una amistad.

—Oye, ¿has tenido algún *affaire* con una chica algún día de estos? —preguntó Nikita—. Aparte de lo del tren, claro.

Karla no pudo evitar reírse.

—Calla, calla, las mujeres son preciosas, pero ya... eso de comerle las entrañas como que no.

—¿Quién ha dicho que se lo comas tú? Te lo pueden hacer a ti, ¿no te parece sexi? ¿O es que ya olvidaste lo del tren?

—Ay, eso no lo quiero recordar, qué vergüenza —se quejó Karla.

—Pero te dejaste, cabrona, y te mojaste deliciosamente. A mí me ponen muy cachonda esas situaciones, me gustas muchísimo y lo sabes —insistió Nikita.

—Ya, cállate, que no quiero que nos escuchen. Te cuento que a mí me ponen mucho las pelis porno donde veo dos chicas haciéndolo, eso me pone muy mojada, pero mira que he tenido amigas que me lo han insinuado y... qué va, paso; eso sí, sin duda mi actriz porno preferida es Belladona, la americana, ¿la conoces?

—Ya quisiera conocerla, es de otro planeta esa mujer, la forma en que folla y come un coño y un culo de una tía me flipa, es mi inspiración. —La rusa siguió con su copa de vino en la mano, bebiendo a sorbos—. Bueno, ante tu negativa, me liaré con el vino, algo me dice que cuando te vayas ya no nos volveremos a ver.

—Nunca se sabe —repuso Karla, que la invitó a otra botella de vino.

Luego pidieron la cena y siguieron bebiendo a carcajada limpia ante la mirada de los huéspedes que se encontraban allí. Entre risas y gestos de complicidad transcurrió la velada. Llegó la hora de la retirada y cada una cogió sus tacones y se los puso en la mano. Sus cuerpos ya no aguantaban más el caminar de puntillas, así que, andando descalzas, sin importar lo que pensaran los asistentes, cogieron el ascensor.

Karla se sentía ebria, y vio cómo Nikita pulsaba directamente el botón que correspondía al quinto piso. Ya a punto de salir, Karla, presa de un fuerte mareo y a punto de vomitar, se tuvo que abalanzar sobre su amiga rusa para que la sostuviera, porque no se tenía en pie.

—Estoy mareada, tía, ayúdame.

—Tranquila, yo te cuido.

Salieron del ascensor y, casi sin darse cuenta, Karla vio que entraban en la habitación de Nikita. La exfuncionaria fue directa al baño a vomitar, arrodillada a más no poder y sacando de su cuerpo hasta sus miedos. Ya le daba igual, había ido perdiendo la vergüenza por completo a lo largo de la velada.

—¿Estás mejor? —le preguntó Nikita al salir.

—Sí, sí. Perdona el espectáculo, nena, no estoy acostumbrada a beber tanto —se excusó Karla.

—Tranquila, estamos en confianza, date una ducha mientras yo limpio esto.

Se despojó de sus ropas sucias y malolientes, las tiró al suelo de la ducha y se quedó completamente desnuda, recibiendo el agua en su rostro para despejarse. Se percató de que su amiga Nikita estaba disfrutando del espectáculo al otro lado del cristal, mientras limpiaba su porquería arrodillada en el suelo, si bien no quiso decir nada al respecto. Nikita limpió rápido y luego se fue, para regresar a los pocos instantes con una toalla y una salida de cama de esas sexis que le encantaba llevar. Luego Karla abrió la puerta cubierta de vaho y su cuerpo quedó expuesto... sus cabellos rizados y negros tapaban los pechos operados, que había decidido ponerse hacía más de dieciocho años; la escena se parecía a la de Salma Hayek en *Abierto hasta el amanecer*, pero sin reptil y sin contoneos, solo que la serpiente rubia estaba enfrente, observándola y presta a arroparla.

—Ten, cariño, sécate y ponte esta salida de cama. ¿Quieres beber algo, otra copa? —Nikita rio con ganas—. ¿O mejor una infusión?

—Ay, nena, muchas gracias. Ese baño me ha dejado como nueva. Mil gracias, pero qué vergüenza contigo... ¡cómo te ensucie todo! Lo siento de veras.

—Tranquila, vente a la cama, descansa. ¿Sabías que soy una buena masajista?

—Ah, ¿sí? No tenía ni idea. Joder, eres una caja de sorpresas —repuso Karla.

—Acuéstate boca abajo y te aplico este aceite que traje de rosa mosqueta, así también te hidratas la piel.

—¿Tú me quieres violar o qué? —inquirió Karla con poca convicción.

—Eso siempre, tonta, relájate y descansa... ya verás que mañana estarás como nueva.

Karla no lo dudó más. Se quitó las sedas que llevaba puestas y se acostó en la cama de su nueva amiga Nikita, dejándose llevar por su voz. Aquellas manos blancas impregnadas de aceite de rosa mosqueta empezaron a actuar sobre la piel latina de Karla; Nikita también se desnudó y se posó con suavidad sobre sus glúteos, para no alterar la calma; sus masajes en las cervicales, acompañados de besos con la lengua en los lóbulos de la oreja no alertaron a la escritora, por el contrario, conservó los ojos cerrados poniéndose a merced de la rusa, quien aprovechó para recorrer su cuerpo desnudo que tocaba de una manera magistral, como si de una sonata de Beethoven se tratara. No había música, no la necesitaban, el relax y el erotismo eran los dueños del momento. El cuerpo latino de Karla brillaba como nunca, los músculos descansados y la mente en paz, y la situación provocó que se girara de tal forma que los pezones apuntaron al techo; con la mirada clavada en los ojos de la rubia, sin decir una palabra, se quedó allí, inmóvil, a disposición de lo que la rusa le hiciera.

Nikita, por su parte, se acercó suavemente y besó los labios carnosos de Karla; luego bajó por el cuello con su lengua suave hasta llegar a los pezones, para lamerlos cual bote de miel derramada. El cuerpo de Karla empezó a temblar de placer y emoción, una agitación que no recordaba haber sentido desde aquella vez en que se encerró en la celda con Larson Aranda. Un poderoso deseo despertaba en su interior ante el peligro de lo prohibido.

Abriendo ligeramente sus piernas, Karla invitó a la serpiente a que inyectara su veneno; en la estancia solo se escuchaban gemidos y cuerpos brillando de placer. El hermoso rostro de Nikita exhibía un aspecto más angelical que nunca y sus labios rosados, pegados como una ventosa sobre la vagina de la escritora, estaban más sexis que nunca; Karla apretó las manos y agarró las sabanas, casi por vergüenza, hasta que no aguantó más y el orgasmo dejó salir la pantera negra que llevaba dentro, y que derramó su elixir en la boca de tan majestuosa mujer.

Karla entonces se sentó y cogió a Nikita de la coleta, enredándosela en las manos; ahora era su turno de hacerla sentir con el sexo que a ella le iba, y que pocos hombres habían logrado descodificar. Pegándole bofetadas sin hacer mucho daño, se adueñó de la situación, mientras le mordía los pezones y recorría su piel blanca y suave como la seda con sus labios y lengua; después le soltó el cabello y bajó hasta sus partes íntimas, agarrándola por la cintura y mordiendo poco a poco su clítoris, hasta que logró provocar un pequeño dolor tan *sexy* que Nikita puso los ojos en blanco; acto seguido, Karla se levantó y obligó a la rusa a colocarse a cuatro patas para besarle el corazón oscuro a ritmo de su lengua, mientras introducía los dedos en la vagina de su amiga, que llegó a excitarse tanto que se movía como la serpiente de la Hayek. El olor a sexo y a hormonas femeninas propiciaron que se derramara el mejor elixir del momento. Pantera y serpiente amarilla se entrelazaban de una forma magistral, logrando ser una sola. Si los huéspedes del hotel hubieran sabido lo que ocurría en el interior de la habitación 504, hubieran pagado para verlo y pajearse ante tal momento de excitación.

La cama destrozada y los cuerpos sudorosos se quedaron dormidos, pero sin abrazarse. Aquello no había sido amor, sino sexo, y ambas lo sabían de sobra. Las mujeres también estaban al tanto de una diferenciación tan clara gracias a su evolución, al igual que los hombres. Durante la madrugada, Karla se despertó, cogió sus cosas y salió de la habitación con sigilo para llegar a la suya, cual gato en la noche y casi sin respirar, con ánimo de no despertar a Nikita.

Casi hipnotizada, ya en la intimidad de su dormitorio, Karla se echó de nuevo en la cama. La resaca que tenía encima solo le permitió llegar, poner la alarma y volverse a dormir. Tenía la última presentación a la tarde siguiente y de allí partiría hacia Barcelona.

Al día siguiente, con el trabajo encomendando por Larson Aranda muy adelantado, y el bagaje de su primer *affaire* con una chica a sus espaldas, emprendió el viaje de regreso. Todo lo que había vivido en Madrid quedó latente entre los muros de aquel hotel tan elegante y en lo más profundo de su cerebro.

MUERE, HIJO DE PUTA
CAPÍTULO 10

Estaba claro que Petrov tenía que morir, pero Karla supuso que el narco ruso nunca imaginó que sería su propia prima la que se encargaría de ello.

Apenas el gobierno de España levantó el estado de alarma, después de tres meses de confinamiento por culpa de la pandemia provocada por la COVID-19, la gente empezó a retomar sus vidas poco a poco y con todas las precauciones, debido al virus. Más de treinta mil muertes en España y otros cientos de miles en el resto del mundo habían dejado un mal sabor de boca y el planeta patas arriba. Las mascarillas en las calles, los geles hidroalcohólicos en todos lados y la distancia física que había que guardar daban fe de lo ocurrido. A nivel mundial se sabía que hasta que se encontrara una vacuna, a la población del mundo le tocaba vivir con miedo al contagio por coronavirus, con las economías desplomadas y la pesadilla del desempleo y la pobreza asomando en todos los ámbitos sociales. Aquella era la prueba fehaciente de que el mundo, tal como se conocía, debía cambiar.

El confinamiento había mostrado lo peor y lo mejor de las parejas y las familias, y la de Karla no fue la excepción. Su esposo estaba cada vez más desbordado por la situación. El hecho de estar encerrado y sin ninguna actividad más allá que salir a comprar lo tenía atacado de los nervios. Las discusiones en la pareja eran cada vez más fuertes y salidas de tono, y todo porque Karla procuraba mantener una rutina diaria con la escritura y a él, y a España entera, le habían quitado su mayor entretenimiento: el fútbol.

Karla no había sabido nada más de Nicolás, el abogado del capo, ni mucho menos de Nikita. Ella misma había decidido que fuera así, ya que el estilo de vida que llevaba la rusa le daba cierto respeto y miedo.

Las visitas a las prisiones también se habían cancelado. «Por suerte para mí», pensó, porque después de la amenaza de Petrov se le habían quitado las ganas de seguir llevando a cabo presentaciones en los centros penitenciarios. La maniobra era arriesgada, Karla sabía que con los mafiosos y sus coacciones no se podía jugar.

Cuatro meses después de la irrupción del coronavirus en el mundo, y con la gente poco a poco empezando a salir de sus viviendas, Karla era consciente de que el tema de las presentaciones había quedado paralizado, aunque no suspendido, y que tenía que seguir trabajando para finiquitar el proyecto que llevaba a cabo junto a Larson. El problema era que seguía sin saber nada de él, aunque estaba segura de que su amigo el capo no se había olvidado del asunto, pues todo lo que se proponía lo llevaba a buen puerto. Conocía a Larson Aranda y él no dejaba nada a medias.

Por otro lado, una de las bibliotecarias de Instituciones Penitenciarias le envió un *email* informándole de que reanudarían las actividades en las cárceles, pero bajo estrictos protocolos de seguridad, algo que también preocupaba a Karla, que sentía cierto recelo a la hora de hacer vida normal y salir de casa. Debía tener mucho cuidado con el medio en el que se movía por culpa de su sensibilidad química, ya que las ciudades, los trenes y autobuses, residencias de ancianos y prisiones estaban siendo descontaminados con químicos higienizantes que le hacían mucho daño y atentaban contra su sistema inmune, precisamente lo que más atacaba el famoso bicho que había emergido, no se sabía cómo, en algún lugar de China. Toda la infraestructura sanitaria estaba en alerta, pero para Karla no era suficiente. Sentía pavor ante la idea de enfermar y tener que ir a que la ingresaran en un hospital, ya que allí, entre el virus maligno y los desinfectantes, podían acabar por matarla.

Un día de aquellos en los que andaba sumergida en sus tareas, y cuando menos se lo esperaba, sonó el teléfono. Un número desconocido aparecía en la pantalla de su móvil. Y aunque no solía responder a números ocultos, decidió contestar ya que Larson podría comunicarse de cualquier forma.

—¿Hola? —dijo Karla.

—Hola, Karla, soy Nicolás, ¿cómo estás? —La voz del abogado de Larson Aranda la sorprendió.

—Anda, qué sorpresa… ¡cuánto tiempo! —dudó—. ¿Has cambiado de teléfono?

—Sí, es lo que toca algunas veces, por eso siempre te digo que mejor te contacto yo. ¿Todo bien en España? He visto las noticias y es uno de los países más afectados por la pandemia. Qué fuerte esta situación.

—Mucho, esto nos está perturbando a todos. ¿Qué tal en USA? O quizá Colombia…, bueno, no sé ni dónde vives.

—En USA, y aquí está todo muy complicado, el psicópata del presidente dice que el virus se puede acabar metiéndole jabón por la vena a la gente, está loco —rio Nicolás—. Imagínate el caos aquí, cientos de miles de muertos y millones de infectados, apenas ahora empiezan a tomarse esto en serio. Este hombre que cree que rige los destinos del mundo puede que sepa mucho de negocios, pero no sabe de nada más. Y en Colombia… pues muchos menos infectados, pero va aumentando la cantidad de damnificados, y los recuperados son pocos —le reveló con pesar—. Si allí en España se saturó el sistema sanitario, no quiero imaginar lo que podría suceder en Colombia. Moriría mucha gente, nos duele tanto lo que está ocurriendo…

Karla asintió.

—Eso he visto en las noticias.

—¿Te soy sincero? —preguntó Nicolás de forma retórica—. Desde que decidiste empezar con el libro biográfico de Larson, el proyecto se ha convertido en su máxima ilusión, y me dice que ahora tiene un motivo más para despertar y ejercitarse física y mentalmente. Pero tiene mucho miedo porque no se sabe cuándo se hará pública su sentencia, ni dónde ni cuánto tiempo habrá de cumplir. Y ya han muerto, por culpa del coronavirus, algunos funcionarios e internos en varias prisiones federales, y estamos asustados por lo que pueda suceder allí dentro.

—Qué jodido está todo —contestó Karla—. Ojalá celebren el juicio cuanto antes, al menos para que él pueda salir de dudas. Por cierto —Karla dudó—, pareces estar muy implicado en la causa de Larson, Nicolás.

—Así es.

—¿Puedo preguntarte por qué? Es que... —Karla titubeó—, es que no sé, si te digo la verdad, no sé nada de ti.

—¿No lo adivinas? Tan solo has de pensar un poco con esa cabeza tan bonita que tienes.

—¿Cómo? —Karla frunció el ceño.

—Dejémoslo, Karla, ya llegara el momento de las revelaciones. Por ahora te digo que Larson y yo rezamos para que todo se solucione cuanto antes, y que él pueda tener la certeza, al menos, de qué va a acontecer con su vida. Independientemente de todo esto, su proyecto es lo que le mantiene vivo en estos momentos, ya sabes que él siempre ha sido de cuidarse, pero ahora, encerrado, ya no puede hacerlo igual, y como sufre de claustrofobia está pasándolo realmente mal. Aparte de que ya tiene cincuenta y cinco años... ya no es el joven de treinta y tres que tú conociste, según me contó él.

—Vaya, lo siento mucho, Nicolás.

—Así es, llega la vejez y con ella los achaques, pero tenemos que seguir adelante con todo, y ahora después de la pandemia tenemos más claro todavía que hay que tomar medidas. Por cierto, Petrov ya no te molestará.

—¿Qué? ¿Le ha pasado algo?

—Simplemente el karma, Karla, tranquila. Ese tipejo era un cabrón y vi que ha muerto por culpa de unas gotas de cianuro que un familiar suyo introdujo en la prisión. Al menos eso fue lo que escuché. Una mujer, más concretamente.

—¿Qué? ¿Una familiar?

—Sí, una tal Nikita... —aclaró Nicolás. A Karla se le heló la sangre en las venas—. Se ve que de pequeña fue violada muchas veces por su primo Petrov cuando ambos vivían en su país, y hasta la quiso vender a la mafia para que la prostituyeran. Y ella, sencillamente, se ha vengado, o eso es lo que dicen. En fin, ya sabes cómo son los rusos.

Karla tuvo que hacer un esfuerzo para que el corazón no se le saliera del pecho, pero trató de dominarse y que Nicolás no notara nada.

—Bueno, sí, supongo —titubeó—, pero no solo los rusos, lo de las gotitas de cianuro dentro de una prisión no es la primera vez que lo escucho —dijo, para luego tratar de acompasar su respiración—. Pobre... pobre chica, quiero decir. Si lo hizo es porque tenía un motivo muy grande. Menudo hijo de puta. Oye, pues que se lo coman los gusanos, ya está bien de tanta consideración con los muertos. Eso de que no hay muerto malo es falso. El que la hace en esta vida... la tiene que pagar.

—Ya, por eso lo digo, Karla. Esto en las prisiones es más que habitual, lo que ocurre es que esas noticias no salen a la luz. Bueno, solo te he llamado para ver cómo estabas, y me alegro mucho de que te encuentres bien.

Ambos se despidieron y Nicolás insistió en que se pondría en contacto con ella en cuanto supiera algo seguro acerca de Aranda y el juicio. Karla dejó el teléfono y luego se sentó delante del ordenador, para ver si encontraba información acerca de los primos Petrov. Efectivamente, aparecían varias entradas de algunos medios de comunicación en los que se hablaba sobre Nikita; se decía que la sospechosa estaba en paradero desconocido y que era prima carnal del capo ruso de la droga. Karla no podía creer lo que estaba leyendo; empezó a atar cabos y llegó a la conclusión de que Nikita estaba en Madrid solo para asesinar a su primo. Había tomado cumplida venganza, algo que, casi con total seguridad, había planeado desde niña, y ahora se encontraba en un lugar desconocido. «Sus enchufes de altos vuelos deben haberla ayudado», pensó Karla. Esa era la conclusión más probable.

Por otro lado, el tema de las muertes en prisión era algo bastante rutinario, aunque algunas resultaban muy sospechosas. Durante los últimos tiempos, varios internos habían muerto en las prisiones españolas, los casos de suicidio habían aumentado con el virus; en Italia incluso algunos reclusos habían escapado. A Petrov, en concreto, lo habían encontrado desnudo en su cama, encogido, como si estuviera sufriendo retortijones terribles y tratara de paliar el dolor agarrándose el abdomen; tenía el cuerpo encorvado y su rostro dejaba ver una expresión de sufrimiento terrible. La escolta de internos que solía acompañarle no quiso hablar. Durante los interrogatorios dijeron que le habían dejado descansando y que ya estaban acostumbrados a que él les obligara a dejarle solo.

Las pesquisas de los investigadores determinaron que había sido envenenado, ya que un frasquito muy pequeño similar a los de flores de Bach reposaba en su cama, además del cuadro de síntomas. También se encontró carmín muy rojo al lado de una nota que decía en ruso: «A las mujeres se les respeta, esto es por mí y por todas las mujeres que pasaron por tu vida, hijo de puta».

La investigación arrojó como resultado que su asesina le había visitado en prisión y que había introducido el veneno dentro de su vagina, ya que no había otra explicación posible acerca de cómo había podido burlar los sistemas de seguridad. Después se las ingenió para administrárselo. Achacaban la muerte a su prima Nikita, pese a que no estaban seguros del todo, ya que no lograron esclarecer en qué momento había suministrado el veneno a Petrov.

Durante aquellos días los enfermos estaban saliendo y entrando de los módulos por culpa de la crisis del coronavirus y había bastantes casos positivos, además de un buen número de decesos. El funcionariado no se iba a centrar en un muerto en concreto, y cabía la posibilidad, remota pero viable, de que él mismo pudiera haberse administrado el veneno para acabar con su vida.

Los escoltas, ya desprotegidos, se pusieron de acuerdo; ninguno se atrevió a certificar que, horas antes, el muerto había estado con una mujer, y mucho menos a mencionar que hubiera sido su prima, por la cuenta que les traía. Una vez más, al igual que en Colombia, la ley del silencio fue la única respuesta fehaciente que habían recibido los investigadores del posible asesinato, pero nunca se demostró que le hubieran obligado a ingerir el tóxico por medio de una artimaña, ni tampoco que se le hubiera suministrado en los alimentos. Una línea de la investigación apuntaba a que él mismo lo habría tomado ante la perspectiva de pasar el resto de su vida encerrado. Lo que sí estaba muy claro era que el ruso tenías innumerables enemigos dentro del oscuro negocio de las drogas y que podía ser que le hubieran asesinado por un ajuste de cuentas. Si hubiera sido otra persona, hubieran investigado más a fondo, pero al tratarse de un narcotraficante se entendía que era una venganza y ya está.

Karla no podía creer lo que estaba leyendo. Pensó que se lo habían cargado sin más, y por un momento recordó que Larson Aranda estaba dispuesto a quitarlo de en medio por meterse con ella y tratar de entorpecer el proyecto. Aranda protegía a Karla tanto como a su propósito, eso era más que evidente, pero lo que nunca se hubiera imaginado Karla es que Nikita fuera el sicario elegido para llevar a cabo la maniobra de castigo.

La perspectiva de que su amiga y amante hubiera sido capaz de aquello provocó que sintiera miedo y estupor, así que dejó de leer y de investigar más. Tampoco quería comentarle sus sospechas a Nicolás, y mucho menos por teléfono. Recordó aquel lema de los mafiosos en Cali, algo que decían cuando ella aún era funcionaria de prisiones: «*Entre menos* sepas, más vives». La conclusión que sacó es que era mejor no pensar en lo ocurrido, al fin y al cabo, ella no tenía absolutamente nada que ver con todo aquello, y su *affaire* con Nikita solo había sido eso, una aventura sexual. Confió en que su amiga rusa nunca revelara a nadie lo que había pasado entre ellas.

Lo que estaba claro es que, de alguna manera, y aunque le pesara mucho el asunto, la muerte de Petrov le había devuelto la tranquilidad. Ella debía seguir adelante con su vida, pues había llegado a estar muy estresada por culpa de las amenazas que había recibido por parte del enviado del capo ruso.

CAMINO AL PERÚ
CAPÍTULO 11

Un día Karla decidió ponerse en contacto con Nicolás. Deseaba ponerse al día en unas cuantas cuestiones.

—¿Nicolás?

—Hola, Karla, dime…

—Necesito que nos veamos lo más pronto posible —le instó ella.

—De acuerdo, pero estoy con tema muy importante en Perú y no me puedo ausentar, creo que deberías venir a ver esto, es parte del proyecto y así me cuentas.

—De acuerdo, planeo mi viaje y te voy diciendo fechas para que me digas dónde quedamos.

—Sin problema. Aquí te espero.

Karla nunca había ido al Perú, y lo único que sabía de esa tierra es que le encantaba la comida, su *pisco sour* y cómo no, el Machu Picchu. Había llegado la hora también de conocer la gran ciudadela inca ubicada en las alturas de las montañas de los Andes, sobre el valle del río Urubamba. Se construyó en el siglo XV y luego fue abandonada, y es famosa por sus sofisticadas paredes de piedra seca que combinan enormes bloques sin el uso de un mortero; también sus edificios fascinantes que se relacionan con las alineaciones astronómicas y sus vistas panorámicas. El uso exacto que se le dio seguía siendo un misterio. Aquella maravilla tenía encandilados a los expertos, que trataban de descifrar los misterios y secretos de la supremacía de aquella civilización, que muchos especialistas intentan desentrañar.

Sin esperar más, Karla cogió su ordenador y entro en la página de Avianca, la aerolínea más importante de Colombia y de Sudamérica, aquella del grupo Santodomingo, un *holding* de empresas multimillonario capaz de atraer hasta la atención del príncipe de Mónaco, quien se enamoró de una de las herederas. Estaba claro que los poderosos se alían con poderosos para hacer perdurar su estatus. «No son tontos, no», decretó Karla.

Compró los billetes para su vuelo, que salía del aeropuerto del Prat hacia Lima. El bolso-joya que le había regalado Larson seguía bien guardado, y ya la escritora ni lo recordaba, aunque llevara el mismo apellido que los propietarios de la aerolínea, no tenía nada que ver con los millonarios colombianos de Avianca. Tenía que salir a la semana siguiente, así que aprovechó su viaje al otro lado del charco y cuadró también ir a Cali para visitar a su familia y ver a su vieja amiga Sarek, la periodista que tanto le ayudó con su primera novela *La Joven Funcionaria de Prisiones*.

Ya en el avión, Karla se ubicó en la zona vip del aparato. Llegó a Lima y, una vez salió del aeropuerto, no dudó en coger un Uber directo al hotel Meliá en Miraflores, una zona muy bonita llena de bares y restaurantes que podría disfrutar durante ese fin de semana mientras llegaba el lunes para el encuentro con Nicolás.

Karla solo visitó el Machu Picchu para no cansarse. En seguida llegó el lunes y tuvieron que desplazarse hasta Arequipa donde se encontraba el abogado de Larson con un equipo de investigadores.

Tras una hora en avión, los hombres de Aranda fueron a recoger a Karla. Ya en la zona, y con un atuendo especial para explorarla, se encontraba Nicolás, agachado, con una camisa blanca, pantalón *beige* y gafas de sol, acompañado de un americano con sombrero de *cowboy*, un pañuelo negro amarrado al cuello y el distintivo bigote rojizo estilo película de Charles Bronson. El americano llevaba una pala de muestreo para recoger muestras de la zona. La escritora no quería interrumpir aquella labor, así que esperó a distancia prudencial hasta que ellos se percataron de su presencia pasados diez minutos.

—Hey, Karla, ¿qué tal el viaje?

—Bien, bien, Nicolás, veo que estas entretenido por aquí… y lleno de polvo.

—Es lo que toca, mujer, ¿sabes por qué hemos escogido esta zona?

—Ni idea, cuéntame qué tiene que ver esto con el proyecto.

Ellos son investigadores de la NASA y están estudiando este desierto por su parecido con el planeta Marte.

—¿Qué? ¿Me estás diciendo que esto es similar al planeta Marte?

—Así es, querida Karla, por eso te dije que vinieras.

—No me lo puedo creer, qué fuerte que lo tengamos en Sudamérica.

—Así es, y aquí ellos han montado un laboratorio natural en compañía de una universidad americana y otra peruana para estudiar las similitudes. El grupo de investigadores, conformado además por dos estudiantes de posgrado de la Universidad de Arizona, se instalará en el desierto de La Joya a modo de campamento por un mes —le explicó Nicolás—. Se implementarán equipos que vienen desde Estados Unidos y se recogerán muestras para analizarlas luego en el país norteamericano.

—Bueno, espero que podamos obtener datos reveladores.

—Afirman que la zona es un importante laboratorio natural en el que se quiere investigar cómo se produce la captura de distintos gases, reacciones químicas y la posible existencia de microrganismos. Ya ha habido otras investigaciones internacionales en el desierto, que es un tesoro que se debe cuidar. En un futuro, se tiene como meta instalar una base de estudio astrobiológico en el área. Por eso te dije que no vinieras con nadie, puesto que esto es secreto y confiamos en ti, pero en nadie más. Disculpa si te hemos incomodado, pero ya sabes cómo es mi padre. Esto es el secreto de su vida.

—¿Tu padre? —Karla titubeó—. ¿Qué? ¿Cómo dices?

—Mi nombre es Nicolás, Nicolás Aranda para ser más exactos.

Karla puso los ojos como platos y Nicolás se puso a reír con ganas.

—¡Ahora entiendo tu absoluta adhesión a Larson! Claro, ahora todo me cuadra.

Nicolás soltó otra carcajada.

—¿Ahora lo entiendes?

Karla se tapó la cara con las manos y se echó a reír también.

—De todas formas, necesito hablar contigo en privado, ¿a qué horas lo podemos hacer? —le preguntó ella.

—Pues… acompáñanos para seguir con esto y cuando acabemos hablamos, ¿te parece?

—Por supuesto.

—Gracias por haber venido, Karla.

Nicolás y ella siguieron al equipo que sacaba muestras del terreno. Karla no alcanzaba a entender cómo los tentáculos de Larson Aranda habían llegado hasta allí, y estaba dispuesta a averiguarlo. Tampoco lograba reponerse de la impresión que le había causado la revelación de Nicolás. Se fijó un poco más en él y cayó en la cuenta de que las facciones del abogado guardaban cierto parecido con las de Piruleta.

Karla se hizo a un lado y se limitó a observar el tinglado que habían montado allí. Había varios laboratorios y cantidad de hombres que acompañaban a Nicolás, pero sin más armas que ordenadores, centrifugadoras, microscopios digitales y tubos de ensayo. El ambiente se parecía a una de aquellas películas sobre investigación de vestigios extraterrestres.

El desierto de La Joya, en Arequipa, posee características geológicas y geográficas que crean un ambiente análogo al del planeta Marte. Esto se descubrió gracias a unas imágenes que envío un satélite instalado por Larson Aranda. Fue así cómo decidieron ir a ver el terreno personalmente y verificar que lo que mostraban las imágenes era lo que realmente estaban buscando en la Tierra, por eso escogieron la zona como un lugar de estudio para emular las condiciones ambientales que se encontrarían las futuras misiones espaciales.

El coordinador de Investigación en Ciencia, Tecnología e Innovación de la Universidad peruana afirmó que un ambiente análogo ideal sería aquel que se pareciera en alguna característica al planeta que se deseaba imitar; en este caso, un ambiente análogo a Marte sería un espacio que se encontrara en la Tierra y que guardara algún parecido en algunas de sus características con Marte, ya fueran estas físicas, químicas o geológicas, entre otras. Mientras los investigadores seguían con su trabajo, Nicolás mencionó que el satélite de su padre había captado imágenes de interés astrobiológico en la franja del desierto de Perú y Chile. Toda aquella información se había enviado a importantes revistas especializadas, lo que propició que la NASA se animara a participar. Debido a la ausencia de lluvias, la franja desértica es muy árida por la presencia de la Cordillera de los Andes, que evita que la humedad llegue desde la Amazonía.

En La Joya se daban muchas singularidades. Allí se había hallado que la materia orgánica de la zona era la más baja que existía en el mundo, mucho más baja que la de Yungay (Atacama). La presencia de minerales volcánicos imitaba de manera importante al planeta Marte, que contuvo gran cantidad de volcanes. El estudio de la geomorfología del desierto de La Joya mostró paleolagos antiguos, cortes abruptos del desierto y levantamientos, entre otras características semejantes al paisaje de Marte que los investigadores conocían mediante fotografías.

Mientras muchos daban por muerto a Larson Aranda, este se encontraba amasando dinero e invirtiendo en un proyecto tan grande que al mismísimo Izeem Roos le hubiera gustado crear para llevar a cabo sus objetivos en Marte.

Karla curioseó durante una hora por la zona hasta que Nicolás se le acercó.

—Karla, ya nos podemos ir, toca salir de aquí para que hablemos en privado. Te vendrás conmigo en mi avión hasta Lima y allí comemos algo, estoy muerto de hambre.

—Vale, no hay problema.

Se subieron a los coches, que llevaban a Nicolás escoltado en medio de un arsenal de armas cortas y subfusiles, como si de un militar se tratara. Karla nunca había visto esa faceta de Nicolás, pero claro... aquello era el sur de América y los enemigos de la familia de Larson estaban dispersos por todo el continente. Nicolás, como hijo de Larson Aranda, estaba tan amenazado como el propio capo, así que la funcionaria agilizó sus sentidos igual que cuando estuvo dentro de la cárcel de Villahermosa, pues sería su instinto el que la avisara de si existía algún peligro: los oídos afilados, la visión activa y los reflejos bien guardados provocaron que se quedara callada y atenta, pues no sabía a dónde iban.

Ya no estaban esperando los Willis aquellos que recorrían las zonas montañosas de Colombia, pero a cambio estaban los Jeep Wrangler Rubicon, escogido por revistas especializadas como el todoterreno de la década, un modelo con la capacidad de configurar su diseño, ya que se le pueden retirar puertas, techo y bajar el parabrisas para una mejor experiencia en *off road*. Asimismo, poseía la capacidad de afrontar la conducción en las condiciones más adversas: sobre nieve, lodo, rocas o arena, entre otros. Contaba con un potente motor V6 de 3.6 L que desarrollaba 280 hp y 260 libras-pie de torsión, lo que permitía a la Wrangler la potencia necesaria para sortear cualquier dificultad en el camino. Y de eso sí que sabían los narcos, de afrontar dificultades en cualquier terreno. Atrás quedaron las camionetas Land Rover o las *narcotoyotas,* como les llamaban en la época álgida de los cárteles de Colombia.

Así las cosas, llegaron a un aeropuerto privado donde les esperaba un piloto de *jet* junto a un Dassaul Falcon 8X, un avión de negocios capaz de hacer viajes entre continentes y dotado de todas las características y permisos que exigían los aeropuertos más complicados, como el de Londres.

Aquel viaje, aunque rápido, no dejaba de sorprender a Karla. Aun cuando había conocido a Larson Aranda, jamás disfrutó de las mieles de su dinero, como sí lo hicieron sus esposas y amantes.

Sin una palabra, accedió a calzarse y subir a la nave sin rechistar. La orden era quitarse los zapatos en el interior y ponerse unas zapatillas comodísimas diseñadas por un tal Luis Vuitton. Nicolás, por su parte, fue atendido por la hermosa azafata Carolina, una chica francesa contratada para la ocasión.

—¿Te gusta, Karla? —preguntó Nicolás.

—¿El avión? Buff es impresionante… qué belleza. Y toda esta área me ha parecido un gran descubrimiento, la verdad, estoy muy agradecida de formar parte de todo esto. Me siento afortunada.

—Me alegra mucho. ¿Qué bebes?

—Pues mira, una botella de agua y una copa de vino estarían bien —sugirió Karla.

—Tengo Ribera del Duero, sé que te gusta... y a mí también.

—Genial. Gracias

—No tardaremos mucho en llegar, así que, si quieres, ve contándome... querías hablar conmigo, ¿no? —instó Nicolás.

—He encontrado un gran contacto, el hijo de un interno que estuvo en el mismo patio que tu padre cuando Larson se encontraba en Villahermosa. Es más, me atrevo a pensar que trabajaron juntos.

—No entiendo Karla. Y... ¿qué hay con ese hombre?

—Con él, no, con su hijo, colombiano de madre americana —le adelantó Karla—. Verás, el hijo de ese hombre que te comento está en la NASA desde muy joven. Es que me acordé porque su padre me habló de él cuando Larson y yo estábamos en Villahermosa, en la época en que nos conocimos. Al parecer es un *crack*. Lo necesitamos.

—¡Que interesante! Claro, toda persona con un perfil muy específico y que quiera unirse al proyecto es bienvenida. Podemos estudiar la viabilidad, ¿tienes contacto con él?

—No, pero estoy segura de que toda esta gente de la NASA con la que trabajas debe conocerlo.

—Es verdad, le preguntaré a mi padre a ver qué piensa. Si dice que sí, lo contacto en cuanto pueda. Nos vendrá muy bien contar con alguien como él, tanto aquí abajo como arriba, en Marte.

—Se llama Maverick Jackson, y según mis investigaciones presenta un perfil ideal para liderar la misión científica junto con vosotros.

—Muy interesante, pásame la información que tengas sobre él y me la leo.

—He preparado este dosier con todos los datos, aquí los tienes.

Karla se acomodó y se limitó a mirar por la ventana mientras saboreaba la copa de vino y las vistas. Por su parte, Nicolás abrió el dosier dispuesto a conocer al sujeto que le había sugerido la escritora, y que podía llegar a ser relevante para el proyecto. Estuvo un buen rato sin quitarle ojo a la carpeta. Karla se fijó en que sus gestos de aceptación eran evidentes, aunque a veces contraía el ceño. Aun así, por momentos, parecía esbozar una sonrisa interior.

«A estos hombres de negocios no les gusta mostrar admiración por nada, aunque la tengan, solo se limitan a aprobar algo o no», pensó Karla, que conocía la mente brillante de su padre, Larson Aranda, y que suponía que su hijo habría heredado, al menos en parte.

El hermoso avión de *business* pilotado por un americano al servicio de la familia Aranda aterrizó en Lima sin contratiempos. Se abrieron las puertas y la azafata, vestida impecablemente, esperó a que los importantes pasajeros bajaran calzados de nuevo. Los maletines de piel con el logo Mont Blanc daban fe del nivel que se estilaba allí. Sin más, una berlina Mercedes Benz blindada les esperaba. Tenía los cristales tintados y un brillo espectacular; mientras, detrás, iba otra exactamente igual, pero con la escolta local. Los coches les condujeron al hotel JW Marriott Lima.

—Señorita —le dijo Nicolás a la recepcionista—, por favor, ¿me ubica en la sala de juntas? También cenaremos allí, y les pido que no nos moleste nadie.

El precioso hotel tenía unas vistas impresionantes desde el vestíbulo. Ya en la sala de juntas, de gran lujo, Karla se ubicó y se relajó. Después de veinte minutos, llegó el joven Aranda, con su cabello casi húmedo y con un nuevo maletín. La camarera se acercó y pidieron la cena.

—¿Te gusta la comida peruana, Karla, o la quieres más internacional?

—La comida de Perú me encanta, la como cada vez que puedo, por algo es de las mejores del mundo, ¿no?

—Así es, es deliciosa.

—Karla, me ha impactado lo que has investigado sobre Jackson. Y es colombiano como nosotros, qué fuerte.

—Así es, Nicolás, creo que nos puede servir de mucha ayuda.

—Mira que llevo tiempo planeando esto junto a mi padre, aunque él lleva más que yo haciéndolo, y nunca me habló de este personaje.

—Bueno, yo supe de él porque el fallecido José Luis Caballero me lo mencionó en la cárcel, cuando el hijo aún estudiaba en la NASA.

—Pues mira, voy a buscarlo y lo citaré, pero antes pediré referencias personales de su carácter, ya que una cosa son sus estudios y proyectos y otra muy diferente cómo es como persona —repuso Nicolás—. Ya sabes que, aunque esto es totalmente legal, no queremos clavos sueltos que nos toque ajustar.

—Entiendo. Por otro lado, me gustaría saber más del proyecto para así pensar en los perfiles que necesitamos —le pidió Karla.

—Claro que sí, entre los que yo busque y los que tú encuentres formaremos el mejor equipo secreto jamás imaginado. Calculamos que mi padre saldrá en libertad muy pronto para que coja las riendas del asunto, y todo lo que avancemos será tiempo ganado.

—Y… aparte de trabajar, ¿cómo te llevas con él? —se interesó Karla.

—Muy bien, de todos los hermanos soy el que mejor me entiendo con él, y el que más afinidades encontró con su idea. Los otros tienen profesiones que también aportarán algo, quizás más adelante, pero yo suplanto a mi padre en el trabajo de campo, aquel que él, de momento, no puede ejercer. Por cierto, ¿sabías que unos primos de mi padre fueron arrestados en Madrid?

—Sí, algo leí por ahí —asintió Karla.

—Pues mira, entre las inversiones que se hicieron antes de que los cogieran, montamos un laboratorio privado de investigación que acaba de ganar el primer premio de un concurso de la NASA.

—¿Qué dices? ¡Eso es estupendo! ¿Y qué hace el laboratorio?

—Se llama Palmira en honor a la ciudad donde nació mi padre, y supongo que tú, como caleña, la conocerás… ¿verdad?

—Sí, claro, muy buen nombre —dijo Karla entre risas.

—Sí, y lo que han sacado algunos universitarios que trabajan con nosotros será un antes y un después. No para nosotros, sino para la humanidad.

—Jamás imaginé una idea semejante. Tu padre me demostró que quería ayudar a muchas familias, de hecho, con su apoyo y el de otros capos que se unieron a la causa, pude recaudar dinero e ir personalmente al terremoto de Armenia. Aparte, apenas le comenté que necesitaba su apoyo para montar la universidad en el interior de Villahermosa, él me lo prestó inmediatamente. Pero esto, un objetivo así..., salvar a tanta gente... ¡esto era inimaginable!

—Sí, estoy muy orgulloso de mi padre, ahora solo falta que lo dejemos lo más avanzado posible para cuando él salga.

—Perdona la pregunta, pero... ¿cuándo crees que estará fuera?

—Pues los abogados americanos nos dicen que serán entre dos y cinco años.

—Ah, ok, pues el tiempo pasa volando, toca meterle mucha fuerza.

—Exacto, esperemos que no surjan detractores del proyecto... —dijo Nicolás.

—¿Y quién puede oponerse a algo tan grande y tan bonito?

—Personas de mucho poder que manejan el mundo, ¿conoces el club Bilderberg? —inquirió Nicolás—.

Karla asintió.

—El propio Larson me contó algo.

—Sí, mi padre no quiere que esta gente se entere de nada, por eso solo queremos colaboradores de confianza, más que nada porque los del grupo Bilderberg manejan a todo el mundo como si fueran marionetas, y con nosotros no pueden hacerlo, así que, si se enteran de esto, nos pueden hacer muchísimo daño a todos. Es muy peligroso.

—Tu padre me estuvo explicando un poco y ya los he investigado —le confirmó Karla—. Nicolás, otra cosa: la ciudad albergará un millón de personas inicialmente, ¿cómo se seleccionará a los colonos?

—Pues te cuento que eso no me atrevo a preguntárselo a mi padre, es algo por completo *top secret,* supongo que cuando salga nos dirá lo que tiene pensado hacer. Tampoco sé quiénes escogerán a los que viajen. —Nicolás suspiró y se levantó de su asiento—. Karla tengo que dejarte, nos vemos pronto. Investigaré lo de Jackson. Hasta pronto.

—Adiós, Nicolás, y gracias. Buen viaje.

EL ENCUENTRO EN NUEVA YORK
CAPÍTULO 12

Por fin, ya en la entrevista y con el corazón en un puño, Karla vio a Larson. Salió por una puerta metálica, ataviado con un mono naranja y grilletes en los tobillos. Tenía el rostro desfigurado y muy delgado, su aspecto distaba mucho del recuerdo que tenía Karla de aquel hombre guapo que entró en su corazón hacía más de veinticinco años. Un funcionario caminaba a su lado como escolta, pero no le quitó absolutamente nada: ni grilletes ni esposas; se limitó a cogerle del brazo y ayudarle a sentarse en el intercomunicador. Mientras, al otro lado del cristal, Karla permanecía a la espera, sentada en una silla de plástico duro.

El encuentro fue frío. Habían pasado muchos años y sus vidas habían dado tantos giros que era más fácil hablar por carta o por medio del abogado del capo. Pero, de repente, sendas sonrisas brotaron en los rostros de ambos.

—Qué pena, Karla, que me tengas que ver así. Esto no es Villahermosa —le dijo Larson mientras miraba hacia el techo y alrededor, como para confirmar la diferencia real entre el Patio Ocho de la prisión de Cali y el penal de alta seguridad de Maddox.

Karla imaginó que Larson no había podido encontrar ninguna similitud. Aquello sí que era una prisión y no el encierro «dorado» al que había sido sometido en Colombia, con todas las comodidades al alcance del capo.

—Hola, Larson —le saludó ella—. Claro que esto no tiene nada que ver con Villahermosa, y mucho menos con el Patio Ocho. ¿Cómo te encuentras?

—Lo he pasado muy mal, pero ahora estoy mejor, solo esperando mi salida, a ver qué me dicen estos gringos. —Aranda resopló.

—Sí, me he enterado por ahí de algunas cosas con respecto a tu vida, al proceso judicial y todo lo demás. Pero… en fin, solo tú conoces el verdadero estado de la cuestión, ¿no es así?

—No te creas —discrepó Aranda—; llevo muchos años sumido en una total incertidumbre. Pero creo que ahora sí que me queda poco tiempo, por eso era importante que nos viéramos. —Piruleta le lanzó una mirada enigmática.

—Vale, pues aquí estoy, tengo varias consultas que hacerte con respecto al libro. Hay algunas cuestiones que he de aclarar, incógnitas que solo tú puedes despejar para que así…

—Karla, espera —la interrumpió él que, de nuevo, lanzó una mirada inquisitiva alrededor—. Antes de nada, debo confesarte que ya no me interesa el libro que estábamos escribiendo... bueno, que tú estabas escribiendo por mí, y mucho menos me interesa publicarlo.

—¿Cómo? Y eso, ¿por qué?

—A ver, no te enfades. Es cierto que cuando la productora mexicana me ofreció ese dinero por contar mi vida, pensé que era una muy buena idea, y también llegué a la conclusión de que podría llevarla a cabo más rápido con tu ayuda. Por cierto, gracias por la admiración que muestras hacia mi persona en tu primer libro. Esa novela, *La Joven Funcionaria de Prisiones*, me impactó muchísimo, nunca imaginé que, precisamente tú, llegarías a hablar de mí de esa forma tan... objetiva y empática, por llamarlo de alguna forma.

—Bueno, perdona el atrevimiento, pero es que cuando empecé a narrar mi vida como funcionaria se me vinieron tantos momentos vividos a la cabeza que no podía parar de escribir. Y encima, cuando empecé a investigar sobre ti en internet, y vi lo que pasó con Azcarate y Genaro Sanabria... ¡me quedé aterrada de cómo terminaron las cosas entre ustedes!

—Huy no, mejor no me hables de esos *hijueputas* fariseos —le pidió Larson, que torció el gesto—. Me la jugaron, y precisamente por ellos estoy aquí. Mejor dejemos muerto ese tema. Veo que los periódicos contienen mucha información sobre mí, ¿no?

—Sin duda, todo eso sobre ti está en internet, en portales como YouTube y similares. Solo clicas tu nombre en Google y sale todo.

—Bueno, eso es agua pasada, la verdad —Larson hizo un gesto con la mano, como quitándole importancia al asunto—. Ahora lo que más me importa es el Project Kitty.

—¿Qué? ¿Así se llamará el proyecto ese del que me habló tu abogado?

—Así es.

—A ver, es que cuando Nicolás me hablaba sobre «tu proyecto», yo pensé que se refería a nuestro libro en común...

Larson negó con la cabeza mientras sonreía.

—No, mi querida Karla, ¿conoces la historia de la gatita? De Kitty...

—No, qué va, pero sospecho que me la vas a contar...

—Mejor no te la cuento, pero soy muy fanático de esa gata del demonio.

Entonces una lucecita asomó a la memoria de Karla.

—¡Ah! ¡Ahora recuerdo que tenías a la gata Kitty en tu celda, allí en Colombia, en tu celda del Patio Ocho! —sonrió Karla—. Algo supe de eso, pero supuse que aquel peluche era cosa de tus hijas... Y hasta pude leer que se celebró una subasta de tus bienes en Brasil, entre los cuales también había ropa interior tuya con la famosa gatita. ¡ja, ja, ja!

Aranda rio con ganas también.

—Pues sí, en todas mis casas tengo colecciones, es una gata diabólica... y yo muy santo no soy, como bien sabes.

—Ya, ya, eso lo sabemos todos, ¡ja, ja, ja, ja! Pero a ver, de qué va eso que quieres hacer... explícame. Me parece de película que le hayas puesto el nombre de la gata a un supuesto proyecto tuyo, es que no me lo creo, es muy fuerte.

—Karla es un propósito muy ambicioso, pero, a la vez, muy arriesgado, vamos a salvar, de inicio, a un millón de personas, pero los demás se quedan en la Tierra.

—¡Uf! Nicolás me hablaba de tu proyecto y, fíjate... yo pensaba que se refería al libro... ¡¡y ahora me vienes con esto!! Me parece un objetivo maravilloso, y espero me indiquéis cuál será mi papel aquí.

—Súper —asintió el capo—. Confío mucho en ustedes, y sé que formaremos un gran equipo. Para que los bandidos de los gobiernos se queden mi dinero, prefiero invertirlo en algo que consiga restaurar vidas, salvarlas, si quieres llamarlo así. Y es que, así como en su momento yo las quité... ahora desearía restituirlas. Además, no quiero tener en cuenta a los del grupo Bilderberg.

—Esos quiénes son… ¿una banda criminal? ¿Otro cártel? —inquirió Karla.

—Más o menos. Pues mira, el grupo Bilderberg está formado por algunas de las personas más poderosas del mundo, y los muy *malparidos* se reúnen en un hotel de lujo cada año. Durante el encuentro, los ciento treinta asistentes conspiran para decidir el futuro de la humanidad. ¿Cómo te parece?

—Joder, pues nunca había escuchado de ellos — confesó Karla.

—Mucha gente no lo sabe, pero los que tenemos dinero sí. Perdona si te ofendo, Karla, pero así funciona.

—¿Y tú has pertenecido a ese grupo?

—No, ¡cómo se te ocurre! —Larson enseñó una media sonrisa—. Yo soy un bandido con plata, pero bandido, aunque ellos no se quedan atrás. Si vieras los que se reúnen, fliparías. Algunas pocas personas del poder español participan. No te voy a dar nombres porque es muy comprometedor.

»Sí, en los tiempos del dictador Franco, el contubernio judeomasónico centraba las tesis conspiranoicas del momento —continuó diciendo Piruleta—; en la actualidad, los que se llevan la palma de los malos malísimos del universo son los ciento treinta políticos, banqueros, *celebrities* y periodistas que componen el club Bilderberg — le contó Larson Aranda—. Esta élite mundial se reunió entre mayo y principios de junio del año pasado en un lujoso hotel de la localidad suiza de Montreux, donde debatieron, en la más absoluta privacidad, sus planes para nuestro planeta hasta la reunión del próximo año.

»El problema es precisamente este —reflexionó Aranda—, ¿por qué una supuesta reunión entre las personas más poderosas del planeta se preocupa de que no haya presente ni una sola cámara que pueda documentar el encuentro? ¿Qué planean? ¿Cómo de malignos son sus planes? —cuestionó el capo de forma retórica.

—Joder, pues sí que parece de película, la verdad —repuso Karla—. La primera imagen que me viene a la cabeza es la obra póstuma de Stanley Kubrick, la película *Eyes Wide Shut*, y aquella escena en la que Tom Cruise se infiltraba en una reunión ultrasecreta con millonarios enmascarados.

—No es para menos —asintió Larson—. En el último encuentro estaban presentes Juan José Barbosa, expresidente de la Comisión Europea y actual presidente de Goldman Sachs International; Michael Man, expresidente de Google; Richard Douglas cofundador de PayPal; Claudia Jones, consejera delegada de Microsoft; Bruce Pitt, consejero delegado de Ryanair o Alexander Fischer, secretario general de la OTAN. Y hasta el famoso Izeem Roos, el hombre que llevará a la humanidad hasta Marte. Ese personaje es el que verdaderamente me interesa de todos ellos —apuntó Aranda—. Los «capos» del Nuevo Orden Mundial, como diría el exagente del KGB, Daniel Stulin.

—Larson, me hablas de personas que no conozco ni creo que conozca jamás.

—Amiga Karla, las personas normales no conocen a toda esa gente, pero sí que utilizas sus empresas. ¿Te suenan Google, Amazon, YouTube, Facebook? Todos sus propietarios pertenecen a ese grupo. Pero, como te dije, el que más me interesa es Izeem Roos. Admiro muchísimo a ese hombre. Está un poco loco y es un enfermo del trabajo, pero él y yo tenemos muchas cosas en común.

—Ah, ¿sí? Cuéntame, ¿por qué te interesa? —quiso saber Karla.

—Karlita, el muy cabrón ha montado una empresa que fabrica cohetes, y tuvo los cojones de decirles a los rusos que sus cohetes estaban anticuados y que mejor construiría uno él mismo. Y luego hizo que la NASA le adjudicara un contrato de millones de dólares para poner en marcha su proyecto de llevar gente a Marte. Es un puto *crack* y le admiro, pero odia a los criminales como yo, y solo atiende a inversores y se codea con multimillonarios como él.

—Vale, ahora entiendo; pero aclárame por qué lo necesitas.

—Porque Project Kitty es una ciudad en Marte totalmente sostenible, un ente autosuficiente que ayudaría a mantener para siempre el medio ambiente del planeta rojo, no como el de la Tierra, que nos lo estamos cargando. Pero tenemos que llevar hasta allí a un millón de personas y yo no quiero trabajar con la NASA. Además, no creo que USA, después de lo que les he hecho aquí con la cocaína, me digan que me apoyan, ¿no crees?

—Qué va, ellos son unos puritanos y no se mezclan con delincuentes, aunque luego consuman el famoso alcaloide como el que más.

—Ahí está, lo has pillado fácil. Entonces…, necesitamos que nos escuche Izeem Roos. ¿Cómo llevas el inglés? —le preguntó Larson de sopetón.

—Bien, lo he estudiado en Barcelona. Y aunque es el británico, me voy metiendo bien con el inglés americano. ¿Qué propones?

—Que vayas con Nicolás y te reúnas con Izeem en Silicon Valley, allí tiene su empresa matriz. Es difícil pillarlo porque viaja mucho, pero tengo un contacto que os conseguirá la cita. ¿Cuánto tiempo estarás aquí en Usa?

—No he comprado billete de vuelta porque no sé nada acerca de tus tiempos.

—Mejor, voy a pedir que me dejen contactar a una persona y que se encargue Nicolás de avisarte y recogerte —decretó Larson—. Por cierto, ¿qué te pareció mi regalo? ¿Te gustó?

—Hostia, se me había olvidado. ¡Buff! ¿Cómo me das esa joya a mí? Si yo no me muevo en ambientes tan sofisticados como para llevarlo, lo tengo escondido en mi armario y lo he envuelto más que un tamal, no sé qué hacer con él.

—¡Ja, ja, ja! —rio Larson—. Es precioso, Karla, lo compré en una subasta y lo tenía guardado junto con algunos lingotes de oro. Mejor dicho, encaletado. —Aranda le hizo un guiño—. Y nada... le pedí a Nicolás que te lo diera por lo agradecido que estoy contigo.

—Pero no era necesario, Larson, en serio, la verdad... lo veo como un puto problema —Karla resopló—. Ni siquiera he pensado qué hacer con él.

—Bueno, haz lo que creas, lo respetaré. No sé qué le dirás a tu esposo, ¿se lo enseñaste?

—No, ¡cómo se te ocurre! Cuando Nicolás me lo dio lo escondí, y ahora lo tengo en mi habitación porque me he separado.

Larson puso cara de asombro.

—Y eso, qué te ha pasado —se interesó.

—Pues mira, que no está bien de la cabeza, y me amenazó hasta con tirarme por la ventana porque no me ajusto a su forma de ver las cosas. En fin.

—¿Te ha amenazado, ese *hijueputa*? ¿Quieres que me encargue?

—No, no. Que te conozco. Además, ya me separé, es lo mejor.

—Bueno lo importante es que no se meta contigo. Y si fuera así, tú solo llama a Nicolás inmediatamente. Y le ponemos el *tatequieto*.

—No será necesario —insistió Karla, que sabía cómo se las gastaban el capo y sus acólitos—. Ya está denunciado. Y me ha prometido que no se me acercará más.

—Más le vale. Tú ten cuidado, que la humanidad te necesita viva y sana.

—Bueno, ¿y tú qué? ¿Al final con cuál te quedaste de tantas mujeres? La del lunes, la del martes...

—Es una larga historia, amiga.

Durante un buen rato, no dejaron de hablar y de reír, como viejos amigos que fueron. Aunque su relación seguía intacta, ya no importaba ni el lugar ni el funcionario de al lado, solo ellos. El tiempo pasó muy rápido.

—Prisionero Cero Cero Cinco, ha terminado el tiempo, debemos regresar a su celda.

—¿Tan rápido? —protestó Larson—. Bueno, Karla, me tengo que ir a la jaula, espero que nos veamos pronto.

El funcionario lo cogió del brazo. Karla observó con tristeza cómo se lo llevaban. Había que volver a la realidad, el aquí y ahora. El semblante de Aranda cambió y el de la exfuncionaria también. El escenario era muy duro. Karla entendió el porqué de que Larson hubiera emprendido la persecución de un objetivo tan ambicioso.

«¡¡Una ciudad en Marte!! Este hombre no dejará nunca de sorprenderme», dijo para sí misma.

EL JUICIO DEL SIGLO
CAPÍTULO 13

El Recua Santos, que era el único reo que había sido capaz de escapar de dos prisiones de máxima seguridad, confesó de dos a tres mil muertes en un juicio celebrado en New York, en medio de la mayor expectación de medios y periodistas, a los que no les importaba dormir en cualquier sitio con tal de cubrir la noticia.

Los miembros del jurado eran protegidos de forma muy rigurosa y escoltados hasta la sala del tribunal. El circo mediático propició que hasta los más frikis quisieran asistir a la vista, como un individuo vestido de la misma manera que Michael Jackson que quería atestiguar contra el Recua, no porque supiera algo, sino porque estaba seguro de que saldría en las noticias y conseguiría protagonismo. La publicidad y el *marketing* propiciaron que el imitador no se lo pensara y se preparó para el gran espectáculo, aunque a última hora no le dejaron acceder a la sala donde se celebraba el juicio.

El proceso se prolongó durante casi cuatro meses; por los tribunales empezaron a desfilar los antiguos socios del Recua Santos y de su emporio en Sinaloa y todo México. La gran productora Netflix inició el rodaje de la que sería una de sus series estrella: *El cártel de los Sapos*. Y es que sabido que un narco tiene que hundir a sus socios para salvarse, que en ese negocio no hay lealtades y que hasta el mejor amigo se puede convertir en tu delator.

Lo que se esperaba durante el juicio y todo el proceso que lo rodeaba era un huracán de traiciones. «Traición», palabra intrínseca dentro del negocio de la droga y a la que nunca quería recurrir Larson Aranda, como había dejado caer en múltiples declaraciones, si bien el aparato gubernamental norteamericano le advirtió que «o cantas o mueres en una prisión americana, y nadie te podrá sacar».

Fue por aquel entonces que Santos pasó a ser uno de los hombres más buscados del mundo; era escurridizo y muy hábil, y contaba con la capacidad de ensuciar la mente de todos los políticos mexicanos para tener a todo el país azteca a su merced. Pero lo que muchos no sabían era que el vínculo que le unía a Larson Aranda contaba con un poderoso blindaje, para ellos sagrado. El Recua, para poder sacar adelante su reinado, estuvo colaborando con el capo colombiano, que le suministró desde Colombia toda la droga que necesitó durante más de diez años.

Sin embargo, mientras duró el exilio voluntario de Larson Aranda alias Piruleta, que estuvo escondido durante más de diez años en Argentina, Venezuela, Uruguay y Brasil (donde fue capturado), los agentes de inteligencia habían conseguido convencer a los capos de que los cuerpos policiales ya disponían de una gran cantidad de información sobre los tejemanejes de los reyes de la droga. De todos ellos.

Los agentes de USA, además, advirtieron que no iban a tolerar leyes del silencio ni códigos de honor de los que solían presumir los capos, y que la justicia podía ser lenta, pero que llegaría seguro y todos serían encarcelados de por vida.

Se daba el caso, además, de que Aranda odiaba a los Sapos; de hecho, había asesinado a varios que se fueron de la lengua y que soltaron información concerniente a él y a su negocio; pero, aun así, se resistía a acusar al Recua.

A pesar de todo ello, tras varios interrogatorios y la amenaza de una condena de por vida en una prisión norteamericana, las autoridades le convencieron, y Larson Aranda se decidió a llegar a un acuerdo con los americanos y bajarse los pantalones. «O el Recua Santos o tú», le advirtió el tío Sam. Y como cualquier hijo de vecino que ame la libertad, escogió la segunda opción.

No lo tuvo fácil, era una decisión que iba en contra de su código de excapo, ya que él admiraba mucho al Recua Santos por ser un hombre listo, cumplidor y arriesgado, un hombre de los que decía algo y lo llevaba a cabo. Aranda y él habían sido socios durante más de diez años, y aunque solo se habían visto en persona un puñado de veces, fue suficiente para que confiaran el uno en el otro, puesto que desde el primer envío de droga el Recua dio muestras de su buen hacer a la hora de distribuir su mercancía en México, y su capacidad innata para conseguir que hasta el político más poderoso le vendiera su alma a él en vez de al diablo. El Recua Santos era el típico «macho» leal, aunque fuera más bien bajito, y Aranda llegó a valorar mucho esa impronta. Pese a todo, la DEA se encargó de lavarle la cabeza para que le traicionara.

«No me quiero ni llegar a imaginar esa situación», pensaba Karla cada vez que rebobinaba los videos de YouTube que mostraban los dibujos del juicio, aquellos que suplantaban las fotos de los acusados y acusadores. Las sensaciones no pueden traspasar las pantallas, pero Karla supuso el fuerte estrés que estaría sufriendo su amigo el capo Aranda. El haber conocido personalmente a Larson mientras fue funcionaria de prisiones y haber investigado a su exsocio mexicano le otorgaba ciertas ventajas frente al resto del mundo.

El proceso contra el Recua Santos fue llamado por la prensa «El Juicio del Siglo», por tratarse de uno de los mayores criminales en el narcotráfico mundial. «Tres mil muertos a sus espaldas no es moco de pavo», pensó Karla. Además, a todo aquello había que sumar que Santos había conseguido escapar en dos ocasiones de cárceles de máxima seguridad, y que construyó un complejo sistema de túneles que usaba para introducir la coca en los Estados Unidos. Santos era, literalmente, un topo. Y es que cada capo había llegado a desarrollar una técnica muy depurada, una estrategia que le permitía actuar y colocar su producto ilegal incluso aunque su objetivo se encontrara muy lejos. Aquella innovación de la construcción de túneles para alcanzar su objetivo pertenecía solo al Recua Santos, algo que siempre le diferenció de los demás.

Karla recordaba que, durante los años 90, escuchó en Cali que un narco usaba un escorpión como sello identificativo en todos «los cosos», para que la gente supiera de quién era esa mercancía y la respetaran. Aquel bicho venenoso era como una advertencia: «respétame o te las verás con mi dueño». Los «cosos», como bautizó Pablo Escobar a los kilos de coca, recibían esa denominación gracias a un molde que el ingenioso jefe del cartel de Medellín diseñó, una medida donde se comprimía el alcaloide (la cocaína) y que daba como resultado un kilo de cocaína pura. Esos términos propios del lenguaje coloquial de los narcotraficantes fueron pasando de generación en generación de capos, por lo que se iban extendiendo de unos cárteles a otros, lo que facilitaba que grupos rivales supieran hasta cuándo respiraba la competencia.

Otro de los «sellos» que se utilizó fue la «corbata colombiana», heredada de los *chulavitas*, cuando asesinaban a los chismosos. El método consistía en simular la corbata roja que los últimos portaban como identificación debido a su simpatía por el partido liberal o socialista; aquella práctica, que consistía en abrir un agujero en horizontal en el cuello del traidor con un cuchillo u objeto cortante, y sacar por la hendidura la lengua de la víctima, se aplicaba como código identificativo a aquellos que se habían «ido de la lengua» y habían cantado, o sea, que habían aportado información que no debían a los enemigos del cártel, ya fueran estos bandas rivales, fuerzas del orden público, etc;

como siempre, la firma que iban dejando los narcos eran una suerte de lenguaje simbólico dirigido a sus enemigos y, por qué no, a sus propias comunidades, como advertencia de lo que podía llegar a pasar si alguien hacía algo que no debía.

Larson Aranda no fue tan conocido en Colombia como Pablo Escobar; principalmente porque formaba parte de la tercera generación del cártel de Cali, no de la primera, pero sí que pertenecía a un selecto club llamado «los señores de Cali», donde empezó su andadura en el narcotráfico cuando cuidaba de los caballos de los hermanos González, o sea, los «caballeros de la mafia colombiana». La prensa también bautizó a este selecto grupo como The Cocaine Inc., Gentlemen of Cali o el KGB de Cali, por su vasto sistema de información, por medio del cual tenían a todo el país en la mira, y porque sus empleados no se conocían entre ellos.

Dichos capos se comportaban de forma distinguida: eran de pico fino y muy minuciosos al vestir y al actuar. No les gustaba llamar la atención por culpa de acciones criminales, no mataban a políticos ni tampoco aspiraban a serlo, pero movían los hilos y tomaban a los cargos públicos estatales como «socios», gracias al patrocinio que les ofrecían con el dinero sucio; este servía, en la mayoría de los casos, para alimentar sus campañas políticas.

Los caballeros de la mafia eran multimillonarios con clase y con estudios, con orígenes muy diferentes al campechano Pablo Escobar. No eran ni mejores ni peores, porque al igual que Escobar eran hombres al margen de la ley, pero la gente no les tenía miedo porque no se dedicaban a ejercer la barbarie, o, al menos, eso parecía, porque no querían declararse enemigos públicos del gobierno, sino que inspiraban respeto por ser empresarios y moverse entre la *jet set* de Colombia: sus finas ropas importadas, sus zapatos de cocodrilo y los relojes suizos que llevaban decían mucho de ellos. Los objetos materiales los puede comprar cualquier nuevo rico, pero la clase no se podía adquirir a base de talonario, se construía o se nacía con ella. Los «caballeros de la mafia colombiana» la tenían, y por eso Aranda se quedó fascinado por ese clan, porque él también provenía de un grupo social acomodado, de una familia con clase y con dinero que aspiraba a que él se convirtiera en un licenciado de Harvard especializado en Economía. Pero, aunque fueran tan *fashion,* también asesinaban de múltiples formas, y podían llegar a ser tan fríos como cualquier capo de la mafia. Se decía que el cártel de Cali ejecutó a miles de personas que estaban en el negocio y que decidieron ir de listos robándoles mercancía o traicionándoles. Esto los capos se lo sabían cobrar hasta descuartizando a algunas personas con guadañas o motosierras, así como amarrando el cuerpo de los traidores por las manos y los pies a dos vehículos diferentes que luego tiraban hacia lados opuestos, por lo que el cuerpo queda desmembrado en dos partes, no sin antes conseguir que el traidor sufriendo un dolor infernal mientras sentía como se rompía por dentro.

Larson, como es obvio, supo de su capacidad desde bien temprano, era muy bueno en Matemáticas, Economía y Macroeconomía, además de poseer una habilidad innata a la hora de liderar negocios. Eso era lo suyo: era capaz de crear empresas durmiendo, pero se decantó por el bando del mal.

Mientras estudiaba en la universidad les decía a sus compañeros que antes de los treinta años sería multimillonario. Todos se reían, sabían que poseía una inteligencia fuera de lo común, pero todo sobre lo que él fantaseaba o eran asuntos imposibles o transgredían la ley, y ellos no estaban allí estudiando para meterse en líos, sino para trabajar en grandes empresas que, en la mayoría de las veces, se tratarían de grandes consorcios de los que ellos nunca aspirarían a formar parte. Aranda, en cambio, sí, y por eso se reían de él.

Solo su gran amigo Serrucho, compañero de estudios desde la infancia, entendía la forma de ser de Larson y quería hacer lo mismo que él, algo que ambos habían estado planeando desde jóvenes, aunque siguieran estudiando en la universidad. Ambos sabían que, llegado el momento, irían a por todas.

Lo que sonaba muy paradójico es que Karla empezó sus estudios universitarios en un centro privado en Cali, una institución que le dio muchas facilidades a nivel económico para cursar Ingeniería Industrial, un título que suponía mucho en un país que empezaba a desarrollarse tecnológicamente. Lo que nunca imaginó es que ese centro donde estudiaba en la avenida Sexta pertenecía al mismísimo Larson Aranda, quien era diez años mayor que ella.

Así las cosas, el gran capo colombiano llegó al juicio con una vestimenta digna de un capo de la mafia italiana y un traje de rayas de Hugo Boss. De ello habló mucho la prensa, no porque le hubieran visto la etiqueta, sino por los gustos exquisitos, la calidad del tejido y ese patrón inigualable que fascinaba hasta al mismísimo Brad Pitt.

El caso es que se vistió con aquellas rayas blancas diplomáticas que tanto gustaban a los gánsteres de antaño y unos guantes blancos. Sí, Larson quiso proteger sus manos y Karla supuso que no fue solo un tema de moda o estético, sino que el capo, un perfecto estudioso y calculador con innumerables enemigos, y que sabía que cualquier roce con un líquido que pareciera agua podía ser un veneno mortal, o restos de la COVID-19 que aun podían resultar letales. Debía ser precavido. Piruleta conocía todas las tretas, ya que se dijo que había sido quien le envió las famosas gotitas mimetizadas en flores de Bach a Genaro Sanabria, que consiguieron matarle. Larson aprovechó el momento porque Genaro se encontraba ansioso, y llegó hasta él por medio de una conocida en común, comentándole que las gotas que le enviaba le calmarían. Pero lo que no sabía Sanabria, que había sido su mejor amigo, confidente y socio —e incluso había quienes aseguraban que había sido su amante, teoría que Karla no aceptaba por amplias razones de su relación con él en el pasado—, era que aquellas gotitas eran cianuro mimetizado en envases de vidrio, igual que las famosas flores relajantes. ¡Y tanto que lo relajaron, pero de por vida!

Volviendo al tema del juicio, Larson también llevaba unas gafas oscuras aquel primer día, y su entrada en los juzgados se pareció a la de un actor de Hollywood que llegara a la alfombra roja de los premios Oscar. Pero no, no era un actor de cine, ni mucho menos un personaje inventado, sino el mayor capo que había tenido Colombia después de Pablo Escobar, y el principal proveedor del Recua Santos.

Y allí estaba, entrando en los juzgados de Brooklyn, donde lo esperaba una escolta de la DEA armada hasta los dientes, ya que era su cooperante —para muchos un «sapo»—, un vendido de esos que él mismo fulminaba tiempo atrás. Pero, como es normal, a la sala no podía entrar cubriendo sus ojos, así que le pidieron que se quitara las Ray-Ban, concretamente las de toda la vida, las Aviador, el mismo modelo que había llevado hacía más de veinticinco años cuando se entregó por primera vez en Cali, Colombia—; por otro lado, pensó Karla, el traje también era muy parecido, o quizá se podía decir que había comprado otro igual; lo único que diferenciaba su aspecto en esa ocasión eran los guantes y la corbata, que había decidido no llevar quizá como gesto de humildad, como hacen los políticos cuando están en campaña para congratularse con sus posibles votantes de orígenes más modestos. Pero lo que a muchos sorprendió fue el rostro descubierto, aquel semblante que le hacía parecer más malo, y que había ido cicatrizando con el paso del tiempo como si se tratara de una película de ficción, ya que los múltiples retoques estéticos que se había hecho para cambiar de aspecto le habían dejado irreconocible.

De hecho, fue el mismo Larson Aranda quien reveló su nombre a sus captores cuando lo atraparon en Brasil, en su lujosa mansión de Sao Paulo, en una emboscada de película en la que buscaban detener a los responsables de una red de lavado de dinero gracias a la compraventa de coches y barcos. Si Aranda no hubiera revelado su identidad, es muy posible que nunca le hubieran reconocido, aunque tarde o temprano las huellas dactilares le hubieran delatado.

La DEA y la policía brasileña tenían grabadas en sus archivos muestras de voz y huellas de Larson, y era imposible que sus sistemas informáticos no se hubieran dado cuenta. Karla pensó que le hubiera encantado ver la cara de los detectives brasileños cuando Aranda les reveló quién era realmente. Ese rostro entre maquiavélico y de personaje de ficción era lo que quedaba del gran hombre guapo y atractivo que se folló a todas las cantantes, presentadoras y jovencitas que le dio la gana, una circunstancia que todas aceptaban no solo por el dinero que tenía y de quién se trataba, sino por lo guapo que era. Karla suspiró cuando recordó cómo algunas compañeras de suyas reconocían que también lo deseaban, pero lo cierto es que lo que había ocurrido es que él se fijó en ella, y no pudo evitar sonreír al rememorar aquel tórrido encuentro en su celda, hacía ya casi veinte años.

El encuentro en la sala entre Aranda y el Recua Santos tenía en vilo a todos los testigos. El Recua no le quitaba ojo a Larson, estaba sorprendido por el cambio en su rostro, ya que él lo había conocido en su etapa de hombre guapo.

Era el turno del cooperante de la DEA más importante para ese juicio. El Recua no se imaginaba que Aranda también estuviera entre los testigos en su contra. Larson Aranda conservaba su tranquilidad y apenas gesticulaba, tenía muy preparado lo que iba a decir, lo había trabajado bien con su abogado. Sabía que ese juicio era vital. USA lo tenía «de los huevos», o cantaba todo lo que ellos querían escuchar contra el Recua o le caería cadena perpetua también a él, así que fue a por todas.

Las vistas preliminares se prolongaron durante muchas horas, interrumpidas solo con breves descansos. Durante el desarrollo se describió cómo había empezado Larson Aranda en el negocio de la droga, más de ciento cincuenta asesinatos (aunque en Colombia se dijo que eran más de trescientas quince muertes, Larson solo había confesado a las autoridades de USA la mitad, y ciento cincuenta ya era una cifra considerable para un juicio). También narró cómo conoció al Recua Santos, confesando que nunca pensó que fuera verdad todo lo que le había prometido en los años 90, cuando le dijo que «invadirían a los gringos con la cocaína».

Aranda repitió muchas veces que el Recua fue muy rápido, y que los cargamentos que le prometió introducir en el mercado llegaban a rajatabla, hasta cuatro por semana sin ningún problema. Karla recordaba todos los detalles del juicio porque se lo habían narrado un par de amigos suyos periodistas.

—«El Rápido», señoría, así le bauticé. Era el mejor que había conocido hasta el momento —apuntó Aranda.

—O sea, que confiesa que le envió al Recua Santos unas cuatrocientas toneladas de coca a lo largo de un periodo de más de 10 años… —quiso saber el juez.

—Sí, señoría, así es.

—¿Cómo los enviaba? —inquirió el magistrado.

—Empezamos con las latas de jalapeños, me dieron la medida y al principio dividíamos un coso por la mitad, y le dábamos una forma cilíndrica con un molde que nos mandaron nuestros amigos mexicanos —explicó Larson Aranda—. Seguramente fueron los jalapeños más «alucinantes» que habían llegado nunca a esta nación.

El juez torció el gesto.

—¿Se enorgullece de eso?

—Lo siento, señoría, era mi negocio y era mi cocaína, mi mercancía. Y que la mimaran me gustaba —reconoció el capo colombiano—. Y eso sí, yo sabía que el Recua Santos la trataba como el tesoro que era, pues era muy consciente de que él se llevaba el cuarenta por ciento de los beneficios. Yo el sesenta. Y que el mercado era nuestro, todo marchaba sobre ruedas, la verdad. Nunca mejor dicho.

—¿Y los submarinos? —preguntó el tribunal.

—Eso lo inventé yo, señor, siempre estaba pensando en la forma menos arriesgada de perder mercancía y de asegurarme que no la incautaran —confesó Aranda—. Y me funcionó.

El juez lo observaba con rostro serio, sin mostrar sorpresa, pues él estaba allí para escuchar todo testimonio que estuviera dirigido contra el Recua. Al frente estaba el acusado Santos, con una vestimenta igual a la que lucía su esposa, Ana Machado; se habían puesto de acuerdo hasta en ese detalle.

Larson también confesó que el Recua nunca viajó a Colombia, y que delegaban para esas actividades en los socios y colaboradores que servían a uno y otro, cuyo cometido, entre otros, era el de viajar.

Uno de ellos fue Serrucho, el mejor amigo de Aranda, que se desplazaba a menudo entre México y Colombia llevando las negociaciones, mientras Piruleta intentaba dar a entender a los medios de comunicación que había muerto varias veces. Aunque Serrucho en su momento también fue secuestrado por el Recua por culpa de unos envíos. Pero ese tema, durante el juicio, no lo quisieron tocar, eran cosas de capos y no competencia del juez.

Los secuaces del capo colombiano estaban entregados al negocio y solo contactaban con Aranda por medio de mensajes encriptados. Una tecnología que Larson había ideado y en la cual les instruyó para que se pudieran comunicar y que nadie les siguiera la pista.

El juicio transcurría ante la negativa del abogado del Recua Santos, quien se esforzaba con denuedo para poner en entredicho el testimonio de Aranda, hasta el punto de intentar desmentir todo cuanto decía. El abogado de Santos sostuvo de forma rotunda que todo aquel asunto de los pimientos jalapeños que había confesado Aranda era falso. La estrategia se basaba en desprestigiar al testigo y hacerlo quedar como un mentiroso.

Pero no contaba con la astucia de Larson y su abogado para defender su culpabilidad y con ello *encochinar* al Recua. Era una guerra de cárteles en los estrados de los estadounidenses, pero esta vez, para ganarse la absolución de una cadena perpetua, los dos «caballos» estaban jugando a blanco o negro como si se tratara de una partida de ajedrez moderna entre Kárpov y Kaspárov, los grandes ajedrecistas de la época en la que Recua Santos y Larson Aranda eran socios.

Cada rey con sus caballos (abogados), atacando al estilo ganadero, algo que los dos capos amaban, las hermosas monturas costaban mucho dinero y gozaban de un alto prestigio a nivel mundial. La partida iba avanzando conforme Aranda demostraba, sin prisa pero sin pausa, que él sí había sido un gran capo y un asesino, así como también demostró con su libro de contabilidad que pagó la campaña al expresidente Santander, algo que Colombia ni siquiera había tenido en cuenta. Era por eso que Aranda siempre había defendido: «En Colombia los políticos son más bandidos que yo».

El juicio progresaba sin sobresaltos. Declararon multitud de testigos y el juez tuvo en consideración los testimonios de agentes del orden público, policías, altos mandos de los cuerpos de seguridad de Estados Unidos y agentes de la DEA. Larson Aranda confesó también que había usado documentación falsa para moverse por diferentes países. Al inicio de la cuarta semana, la defensa solicitó que no se tuvieran en cuenta testimonios que se refirieran a actividades ilícitas a partir del año 2004 y fechas posteriores, pues para ese entonces Larson Aranda alias Piruleta ya no estaba al frente del Cártel del Norte del Valle y estaba huyendo de la ley, escondido en Brasil. La fiscalía, a través de una carta, sustentó la importancia de que todos los testimonios fueran escuchados, aunque no se ajustaran al marco legal de fechas que había consignado el tribunal, pues para entonces Aranda seguía recibiendo detallados informes de lo que sucedía en la organización del Recua Santos y en otros cárteles relacionados con el narcotráfico.

En otra declaración, Larson «Piruleta» Aranda afirmó que desde 2004, cuando llegó a Brasil, solo quería tener contacto con miembros de su propia organización (el Cártel del Norte del Valle) y que nunca habló con abogados. También aclaró que cuando eligió ir Brasil antes de ser capturado, no tenía conocimiento de las leyes, y confesó que tuvo suerte porque los acuerdos legales de extradición entre EE. UU. y Brasil señalaban que no se puede aplicar la pena de muerte ni más de treinta años de cárcel al sujeto extraditado. Es decir, se vio beneficiado al no ser extraditado desde Colombia.

No obstante, los abogados del Recua Santos cuestionaron que en el video que se entregó como evidencia se podía ver que los paquetes de cocaína preparados para su transporte presentaban forma cuadrada y no cilíndrica, tal y como testimoniaba Piruleta, por lo que postularon que el testimonio de Aranda era falso.

—Perdone, su señoría, pero al respecto le digo que yo enviaba la cocaína en kilos o «cosos», tal y como le llamamos nosotros —alegó Aranda—. Enviaba los cubos de un kilo de cocaína, pero fueron los mismos amigos mexicanos del señor Santos los que nos enviaron el molde cilíndrico para poderlos meter en las latas de jalapeños de medio kilo. Esa es la verdad, y mentiroso no soy, a pesar de que el defensor del señor Santos insista en que sí.

En ese momento, el abogado defensor del Recua Santos sacó un empaque de paños húmedos y le preguntó a Aranda.

—O sea, que usted dice que, así como es esta caja, era como guardaba la cocaína...

—Así es, pero un poco más grande.

Más tarde, el abogado del acusado volvió a preguntarle si él le mentiría a la fiscalía y si lo haría para ganar beneficios, a lo que el testigo respondió:

—No estoy mintiendo, señor.

Por otro lado, Larson Aranda testimonió sobre Bernardo Cantillo, más conocido como el «Señor de los Aires», a quien pidió uno de sus aviones para enviar coca. Aunque afirmó que sí mantenían una relación de amistad, negó haber apadrinado nunca a uno de sus hijos, y que no recordaba haberlo afirmado en una declaración frente a agentes de la DEA en Brasil.

Entre otros temas, durante el juicio, el abogado del Recua le dijo a Piruleta:

—En 1996, usted le mintió en la cara a las autoridades colombianas.

—Completamente correcto, así es —reconoció Aranda.

La defensa también mostró otra prueba: un yate incautado a Aranda. El capo colombiano también fue interrogado acerca de esa cuestión.

—¿En algún momento el señor Recua Santos viajó en este yate con usted?

—No. Porque mi defendido nunca viajó a Colombia — alegó el abogado del Recua.

—¡No le he preguntado a usted! —le advirtió el juez— . Señor Aranda, responda a la pregunta.

—Es cierto lo que dice el abogado. Santos nunca viajó a Colombia, al menos que yo sepa.

Durante los días venideros, Aranda detalló al tribunal cada uno de los envíos de droga que había hecho al Recua, algo que recordaba con un nivel de detalle impresionante. También apuntó que solía bautizar esos envíos con nombres de mujeres. El libro de contabilidad del capo colombiano fue pieza clave fundamental para bien y para mal de Larson Aranda, ya que allí reposaban todos los envíos, entradas de dinero, nombres, fechas y asesinatos perpetrados. Todo lo que había sido importante para su organización estaba consignado en aquellas páginas, cada centavo pagado y cada dólar recibido, con los correspondientes nombres de pagadores y beneficiarios.

—Señor Aranda, ¿es usted es consciente que solo le caerán veinticinco años de prisión después de la ingente cantidad de muertes que lleva usted encima, y que ha tenido el descaro de confesar delante de todos nosotros? —exclamo el abogado defensor del Recua Santos.

—¡¡Silencio!! —Le amonestó el juez—. No le permito que use dedo acusador alguno en contra del testigo y en este tribunal. Aquí el juez soy yo. Siéntese.

El abogado del Recua aceptó la reprimenda, no sin antes pedir la palabra y recordarle al juez que las muertes provocadas por Larson Aranda habían continuado hasta hacía muy poco.

—Como la muerte de una familia en New York, que se encargaba de cuidar sus caletas, esos depósitos escondidos en los que se acumulan millones de dólares. Seguro que el señor Aranda, aquí presente, podrá darnos detalles al respecto.

—Le recuerdo que aquí el único que interroga al testigo soy yo —le reprendió, otra vez, el magistrado.

—Sí, sí, pero aquí lo que sabemos es que el hijo de la familia le estaba robando su dinero y Aranda lo descubrió y… ya sabemos el final de la aventura —remató el abogado.

—¡Que se calle! —El juez esgrimió el *gavel*, el martillo para pedir silencio.

Luego llegó el tema de la violencia de los cárteles, un tema que interesaba mucho a la justicia norteamericana.

—Señor Aranda, ¿cómo es posible que asesinen a tanta gente en el negocio de la droga? —le interpeló el juez.

—Su señoría, es imposible ser líder de un cártel en Colombia sin ser violento. Por ejemplo, si uno trafica con cocaína y le roban un cargamento, y no ejerces violencia para castigar tal robo, es muy probable que alguien te lo vuelva a quitar —señaló—. Ser el jefe de un cártel en Colombia va de la mano de la violencia.

—¿Es cierto que en su cártel usaban nombres de mujeres para identificar a hombres?

—Así es —admitió Aranda—. Yo mismo fui reconocido como «Doctora Patricia» en los documentos internos. Y el apodo «Rubia», que aparece en nuestra contabilidad, se usaba para identificar al Recua Santos. Verá usted, señoría, que hay grandes entradas de dinero por parte de esa tal Rubia.

—¿La Rubia también era un hombre que se encargaba de llevarle dinero desde México?

—Así es, empleábamos Rubia para referirnos al Recua y a sus emisarios... o delegados, por llamarlos de alguna manera.

—Curioso —opinó el juez.

—Sí, señoría, las mujeres son muy hermosas, y preferí que nuestros trabajadores aparecieran en toda la documentación del cártel con nombre de mujer. Era también una forma de decirles que les tenía confianza, solíamos gastarnos bromas al respecto.

A pesar de lo que el Piruleta confesaba, se mantuvo inmóvil y serio durante toda la declaración. Según los testigos con los que pudo hablar Karla, se trataron temas como aquellos que obligaban a Larson a contener una sonrisa, debido a la gravedad de los hechos que se estaban exponiendo allí. Larson Aranda era una persona risueña, pero mostró durante todo el juicio unos nervios de acero.

Finalmente, Piruleta habló de sobornos a pasados gobiernos de Colombia, específicamente a la candidatura presidencial del exmandatario Santander, Señaló que contribuyó con un poco más de medio millón de dólares para la campaña.

—Señor Aranda, ¿confiesa usted que pagó mucho dinero al Congreso colombiano en pleno para que no aprobara su extradición? —se interesó el juez.

—Sí, señoría, por lo menos diez millones de dólares, aunque si me pusiera a sumar cantidades creo que incluso sería más —concluyó.

—Además, se refirió al pago de, al menos, un millón de dólares a un congresista por una carta de salvoconducto, ¿nos puede dar el nombre del beneficiario de tan generosa contribución?

—Es correcto. —Aranda asintió, pero luego permaneció pensativo unos instantes—. No, no daré el nombre del sujeto.

—Señor Aranda, en su casa encontramos esculturas del pintor y escultor Fernando Botero, ¿usted le conoce? ¿Ha hecho tratos con él?

—No, señor. Al señor Botero solo le profeso una rendida admiración. Nunca lo he visto en persona, no lo conozco.

—¿Y esas partidas económicas que usted decidió «donar» a la prensa?

—¿Se refiere a los medios de comunicación, señoría?

—Sí, a eso mismo —asintió el juez.

—Llevé a cabo pagos a la prensa para que publicara información a mi favor y omitiera todo aquello que pudiera afectar a mi organización. —Piruleta, que hasta ese momento procuraba mantenerse lo más inexpresivo posible, no tuvo más remedio que encogerse de hombros, quizás un poco cohibido.

El juez escrutó su rostro y consultó algunos documentos.

—¿Puedo preguntarle qué significado tiene ese alias que usa? Eso de... «Piruleta».

Aranda sonrió.

Se refiere a un dulce, una especie de bombón que en inglés recibe el nombre de Candy.

Entre los asistentes al juicio se levantó un coro de risas y cuchicheos, que el juez tuvo que aplacar para proseguir con la vista.

Otra tarde, le preguntaron al testigo si se consideraba «guapo», a lo que Piruleta respondió con una sonrisa. Aquello desencadenó algunas carcajadas en la sala. Cuando el jurado se estaba retirando, el Aranda hizo una señal con los pulgares hacia arriba y les dio las gracias.

Por su parte, el Recua Santos asistió a las declaraciones con su vestimenta habitual a juego con su esposa, a veces pantalones oscuros, camisas azules, corbatas color vino tinto... el acusado usaba una agenda amarilla para tomar notas y hablaba constantemente con su abogado defensor. Se mantuvo expectante mientras los testigos declaraban y cruzó sonrisas y miradas continuas con Ana Machado, su esposa, aunque nadie conseguía dilucidar lo que se le pasaba por la mente al matrimonio.

ENCUENTRO EN ESPACIO INFINITO
CAPÍTULO 14

Izeem Roos era un hombre fino, callado y de pocas palabras, que dormía poco y que lo único que pretendía era ayudar a la humanidad a viajar a Marte porque era consciente de que el final de la Tierra se acercaba a pasos agigantados. Y él no estaba para quedarse sentado a esperar.

De eso tenía pleno conocimiento Nicolás Aranda, y tuvo a bien ir informando a su padre de sus pasos, hasta el punto de levantar en Larson una admiración tan grande como la que sentía por el Recua Santos, cuando fue capaz de invadir USA con su cocaína en poco tiempo. Esa admiración que se daba entre las grandes mentes donde no había cabida para la envidia, y que eran tan escasas en los tiempos que corrían.

Nicolás solo esperaba que el exnarcotraficante saliera de la cárcel para provocar la anhelada reunión de dos de las mentes más brillantes que jamás hubieran existido, dos hombres muy preparados, aunque cada uno hubiera escogido un camino diferente —Roos el bien y Aranda el mal—; ahora debía unirles la misma causa, llevar a la humanidad a Marte.

Larson había escuchado hablar de Izeem Roos, pero...
¿Izeem sabría de Aranda? Eso solo podían comprobarlo una
vez que Nicolás consiguiera el encuentro. La puesta en
libertad de Aranda estaba cerca, pero aún le quedaban un par
de años entre rejas, estaba claro que en ese tiempo la idea era
adelantar lo máximo posible Project Kitty para que, una vez
fuera de la cárcel, quedaran menos cosas por hacer.

Larson estaba acostumbrado a mandar desde prisión y
sus allegados sabían lo que tenían que hacer. No había otra
opción que llevar a cabo un primer contacto con Roos,
radicado en Silicon Valley, para conocerlo personalmente,
pero sin darle detalles de Aranda ni del proyecto. Eran las
directrices de Larson, que no se fiaba ni un pelo de nadie, y
menos con sus ideas.

Aunque Izeem Roos viajaba mucho en su avión privado
para estar al tanto de todos los asuntos que llevaba para las
diferentes empresas radicadas en Estados Unidos, estaba
claro que, en algún momento, tendría que parar en su casa
matriz, y que sería el momento para pillarle. Al final Karla
no quiso acompañar a Nicolás. Ella tuvo que viajar
inesperadamente para resolver un tema familiar en
Colombia.

Lo que Nicolás le propuso a Roos fue visitarle en su
propio centro de operaciones, un lugar llamado Espacio
Infinito y situado en California, donde funcionaba su
empresa de fabricación y prueba de cohetes. Era muy difícil
pillarlo porque Izeem era una persona ocupada, y lo que
menos le interesaba era perder tiempo. Pero al mencionarle

Nicolás las palabras «proyecto en Marte», la actitud de Roos cambió. «Soy todo oídos», dijo, y fue así como decidió recibir al primogénito de Larson Aranda.

En medio de un nutrido séquito de seguridad, el joven Aranda entró en las instalaciones propiedad del físico, guiado por personal delegado por Roos que le acompañó hasta su despacho.

La complejidad de las infraestructuras, muy dotadas tecnológicamente, daban fe de lo que allí funcionaba. Sin más, Izeem los hizo pasar a su oficina, vestido con camiseta y *jeans*, mientras Aranda iba ataviado con su traje italiano de rayas diplomáticas; pero eso allí no importaba, ya que el poder ya no se define por la moda o los trajes que visten quienes lo ostentan, el poder está en los esfuerzos que son capaces de realizar una serie de individuos para asegurar el futuro de nuestros hijos, nietos y de la humanidad en general. Atrás quedaban los coches de lujo, las propiedades y las reuniones de la *jet set* con champán francés y diamantes en los cuellos de las damas.

—Buenos días, señor Roos —dijo Nicolás Aranda ofreciendo su mano. El primogénito de Piruleta quería dar muestra de una perfecta educación digna de caballeros.

—Buenos días. Es usted Nicolás, ¿verdad?

—Así es, señor. Encantado de conocerle. Y saludos de parte de mi padre.

—La verdad es no sabía si hablar con ustedes o no, por ahí he leído cosas verdaderamente escalofriantes sobre su padre. No entiendo que hacen aquí, ni mucho menos el interés en conocerme, ya que solo trato con inversores, científicos e ingenieros. Lo cierto es que me llamó la atención el proyecto que tienen entre manos.

—Lo entiendo, señor Roos, pero por eso debe escucharme, no vamos a hacerle daño ni nada parecido, solo escúcheme.

—Llámeme Izeem, por favor.

—Bien, gracias. Soy el representante de mi padre, Larson Aranda, pero permítame, simplemente, presentarnos como un *holding* de empresas que apuestan por la vida en Marte.

—Eso me llama mucho la atención, Nicolás, ¿qué empresas poseen ustedes?

—Tenemos un laboratorio que opera en Madrid, y algunos satélites en el espacio, además de diferentes empresas inmobiliarias y algunas cositas más.

—¿Dónde está su padre? —insistió en saber Izeem Roos.

—¿Realmente está dispuesto a abrir su mente? —inquirió Nicolás.

—Me da igual quién sea —dijo el belga—, ya con el proyecto que me viene a plantear es más que suficiente, solo que para tratar algo de una importancia tan enorme me gustaría que estuviera él aquí. Como comprenderá, el hecho de no poder hablar con él directamente me intranquiliza.

—Tiene usted razón, le cuento que mi padre está entre rejas en New York.

Izeem Ross bajó la cabeza, se estiró la camiseta y descruzó las piernas.

—¿Me está tomando el pelo? ¿Es una broma? ¿Dónde están las cámaras? —Roos comenzó a reírse a carcajada limpia—. Esto no me puede estar pasando a mí.

Mientras, Nicolás mantuvo el semblante serio. No le hacía ni puta gracia que aquel tipo, por muy buen científico que fuera, se estuviese riendo de la desgracia de su padre.

—Entiendo su reacción, aunque solo un poco —le espetó Nicolás—. Sé que no somos ejecutivos normales, pero mi padre lo está pasando muy mal allí adentro con los gringos.

—Perdone, Nicolás, lo siento mucho, es que intenté contenerme, pero no pude. Si le parece… nos tuteamos, ¿de acuerdo?

Nicolás asintió.

—Está bien.

—Y… quisiera preguntarte… ¿es culpable tu padre? Y perdona mi sinceridad —dijo Roos.

—No vine a hablar de su caso penal, ahora ya lo sabe.

—Ok. Prosigamos —aceptó Roos—. Entonces, ustedes quieren que nos unamos para llevar a cabo el proyecto de llevar a la humanidad a Marte...

—Exacto. La idea es que usted transporte un millón de personas y nosotros construyamos la Ciudad Kitty.

—¿Kitty? ¿Así se llamará?

—Sí, es una larga historia y no quiero que sonría otra vez con esto tan serio —advirtió Nicolás.

—Ok, ok, comprendo. A ver yo ya he hecho algunos avances enviando materiales orgánicos y más cosas a Marte. No creo que los necesite a ustedes para llegar a construir una base permanente en Marte, la verdad... y además no puedo presentarme a la NASA con un exconvicto. Lo siento, allí hay muchos ladrones también, pero son de cuello blanco, y los senadores y gobernadores se opondrían. —Roos se encogió de hombros—. Mejor, cuando su padre esté libre, y dependiendo de los avances que yo vaya haciendo, veremos si vale la pena unirnos o no. Por favor, déjeme trabajar que tengo que volar de aquí a un rato y de rematar unos asuntos aquí a la mayor brevedad, que pase buen día. —Izeem Ross se levantó con rostro serio y le estrechó la mano a Nicolás, a la vez que esbozaba una media sonrisa.

Nicolás Aranda no se la devolvió.

EL AVE FÉNIX RESURGE DE SUS CENIZAS
CAPÍTULO 15

Y por fin llegó el día de la puesta en libertad de Larson Aranda bajo un estricto secreto, ya que, como cooperante de USA al testificar contra el Recua Santos, había permitido que este fuera condenado a cadena perpetua, y tal hecho había propiciado que Piruleta entrara en el programa de protección de testigos a la altura de las circunstancias.

Nadie supo nada de su puesta en libertad, ni prensa ni medio alguno. Ni sus enemigos, ni mucho menos las autoridades colombianas y brasileñas; nadie poseía información alguna al respecto. Larson Aranda desapareció como por arte de magia. Después del «juicio del siglo» todo quedó en absoluta reserva. Algunos decían que podría salir en dos años y otros en cinco, lo cierto es que no lo harían público.

Estaba claro que Aranda, en un principio, quería acogerse al programa para protegerse del clan mexicano del Recua Santos; también de otros capos con los que había tenido diferencias en el pasado.

Aunque a Larson Aranda se le conocía como un hombre calculador y organizado, lo cierto es que su mente estaba cansada. Piruleta estaba muy afectado psicológicamente por el encierro de tantos años, ya que su claustrofobia le jugaba malas pasadas. De hecho, en ese tiempo, no hacía más que pensar en Project Kitty para animarse a seguir con vida y pedir perdón a Dios, a la naturaleza y a la humanidad en general. Pero… ¿cómo iba a llevar a cabo el proyecto, si aunque ya estaba fuera no podía contactar con nadie? Aunque muchos decían que algunos exprisioneros incumplían el programa y volvían a delinquir, absolutamente nadie sabía cuál sería la siguiente jugada de Aranda.

Karla decidió que trataría de terminar el libro de Larson ella sola. No tenía ni idea de cómo afrontar el asunto, pero esta vez decidió que incluiría en el texto algunos datos sobre la intención de Aranda de llevar a cabo Project Kitty. Con ello, pretendía paliar los efectos negativos del pasado del capo sobre la opinión pública. Tenía material suficiente para continuar, y no sabía si lo atraparían o alguien planeaba asesinarlo, pero quería que el mundo entero supiera que el corazón de Aranda había cambiado y que ahora quería ayudar a la especie humana construyendo un mundo mejor, aunque pareciera lo contrario después del pasado tan negro que llevaba sobre las espaldas.

Pasaron varios meses sin saber absolutamente nada de los Aranda.

Al no encontrar pistas sobre su paradero, los telediarios y agencias de prensa se calmaron, pero la escritora no se atrevía a sacar el libro a la luz. Se prometió a sí misma hacerlo solo si Larson Aranda moría, y hasta que esa no fuera la noticia el secreto estaría a salvo con ella.

La escritora siguió con su vida de soltera, le daba miedo conocer a gente. El Covid19 había dejado mella a la hora de tener una vida social, y ella no se quería arriesgar hasta que existiera la tan ansiada vacuna. Así que se encerró en su piso de Barcelona y decidió alquilar una habitación a una chica para sentirse acompañada.

La escritura era su principal pasatiempo, pero solo deseaba la puesta en libertad de su amigo.

La entrada de un mensaje de WhatsApp de la masajista llamó su atención:

—Hola, nena, ¿cómo estás?

—Bien, cariño. ¿Y tú?

—Muy bien, te cuento que está en Barcelona un masajista de Cali que es buenísimo y me gustaría que lo probaras.

—Pues la verdad es me vendría muy bien, agéndame para este jueves.

—Perfecto.

Después de un día duro de trabajo, sus riñones y cervicales le avisaron que estaban jodidos. Karla se dirigió a la Diagonal, donde su amiga Carmen, dispuesta a recibir ese masaje prometedor.

—Nena, estoy abajo. ¿Tomamos algo antes?

—Perfecto, ya bajo, espérame en el bar de al lado.

Las dos amigas se sentaron a beber una cerveza cuando, de repente, un coche negro aparcó enfrente.

—Mira es mi amigo, el masajista.

—Hola, mucho gusto. Me llamo Peter.

—Encantada, soy Karla.

—¿Subimos? —dijo Carmen.

A la entrada del local tocaba dejar los zapatos, y despojarse de la ropa en el baño de la entrada, además de ducharse para eliminar cualquier resto de sudor o de virus. La escritora, dispuesta a relajarse, salió de la ducha y se fue directamente a la camilla. Mientras, Carmen ponía música relajante y Peter colocaba los aceites y servía una copa de vino para todos.

—¿Y eso? —preguntó Karla.

—Ahh, sí, él hace el masaje mientras tú bebes vino. Así te relajas más.

—¿Me relajo o me emborracho? Qué buena idea, me gusta.

El masajista empezó a recorrer el cuerpo desnudo de Karla y esta se relajó, poniéndose en sus manos, mientras su amiga observaba todos los movimientos que hacían.

Pasaron cuarenta minutos de relax y Karla se levantó de la camilla.

—¡Wow!, qué bien, me hacía mucha falta esto.

—Lo sé, amiga, por eso te dije que vinieras, para que probaras otras manos diferentes a las mías.

Ya en toalla, Karla se sentó para seguir disfrutando del vino.

—¿Y de dónde eres, Peter? ¿De qué parte de Colombia?

—De Cali, igual que usted.

—Ahh, qué bien, y… ¿cuánto llevas por aquí?

—Poco, yo vivo en Valencia y aquí solo vengo a atender a mis clientas de Barcelona.

—Tienes unas buenas manos —dijo Karla.

—Muchas gracias, me alegra que le hayan gustado.

—Mi amiga es escritora, y ha escrito una novela de cuando fue funcionaria de prisiones en Cali.

—Ah, ¿sí? Qué interesante. Trabajaste… ¿dónde?

—En Villahermosa y la reclusión de mujeres —contestó Karla.

—Pues fíjate que yo entraba a Villahermosa.

—¿Qué dices? Y eso, ¿por qué?

—Siempre he trabajado con gente que se cuida, y allí tenía varios clientes a los que llevaba su plan de nutrición y ejercicios.

—Qué bien. Y, ¿a quién conociste?

—A varios, pues estuve en la época de Larson Aranda y todos los duros de la época.

Karla se quedó muda. Después se acomodó en la silla mientras se servía más vino y escuchaba a aquel morenazo.

—¿Tú los conociste?

—¿A quién exactamente? ¿Al patrón? ¿Al señor Aranda? Sí, sí, y fuimos amigos.

—Pues tenemos cosas en común, yo también conozco a su familia. De hecho, tengo contacto con sus hijos pequeños.

—Ah, ¿sí? Y... ¿cómo están? —Karla no quería confesar nada de Nicolás ni de los planes.

—Ellos muy bien... y el padre, como ya salió en libertad, pues están contentos.

—¿Cómo? ¿Ya salió Larson? ¿En serio lo que me dices?

—Sí, justo hace muy pocos días, pero poca gente lo sabe.

Karla sonrió de felicidad y apuró la copa de un solo sorbo. Luego se metió en el baño de nuevo y se vistió muy rápido.

—Bueno, encantada, me ha gustado mucho el masaje. Nena, estamos en contacto, tengo que irme urgente.

Karla salió del local dispuesta a comunicarse con Nicolás. Llego a casa agitada y cogió el teléfono.

—¿Nicolás?

—Hola, Karla justo te iba a llamar, el pajarito ya salió de la jaula.

—Qué bien, justo me acabo de enterar.

—Cómo, si nadie lo sabe.

—Un chico que he conocido aquí, al parecer, es amigo de tus hermanos.

—Estos hermanos míos, mira que les dijimos que no dijeran nada...

—Pues sí, Karla, así que el Ave Fénix está dispuesto a desplegar sus alas hasta Marte, nos tenemos que reunir con mi padre.

PELEA DE GALLOS
CAPÍTULO 16

Karla sabía que solo tocaba esperar a que Aranda diera señales. La conversación con Izeem Roos, según Nicolás, había quedado en un «ya veremos», porque estaba seguro de que sin Larson un proyecto tan enorme como llevar a la humanidad a Marte no podría avanzar. Lo único que estaba claro es que la humanidad había sufrido un fuerte ataque chino debido a la COVID-19. Todos los países del mundo estaban en jaque.

Por esta vez, la ropa y los lujos no valían nada. Las personas debían agradecer tener salud, techo y comida, eso que las madres les decían a todos que valoraran. En una entrevista entre Izeem Roos y Jian Mao, el hombre más rico de China, se dejó en evidencia que las mentes más influyentes de la Tierra no se ponían de acuerdo.

Jian Mao habló del poder del trabajo y de mantener a la gente ocupada. Estaba claro que Mao había aplicado esa disciplina consigo mismo, ya que desde muy joven mostró su afán de superación. Se propuso estudiar inglés, y qué mejor que de la mano de los extranjeros que visitaban China, así que ni corto ni perezoso preparó su bicicleta y se desplazaba en ella durante setenta minutos diarios hasta llegar al sitio donde estaban sus clientes. Durante nueve años trabajó gratis llevándolos a todos sitios con tal que le enseñaran inglés; no fue un gran estudiante, y tardó cuatro años en lograr su acceso a la universidad mientras que otros solo invertían uno, pero la actitud y ganas de superación eran más fuertes que los inconvenientes o las debilidades que tuviera.

En su momento, Jian Mao fue rechazado en Harvard, pero hoy día era invitado a dar conferencias y le pagaban por ello, todo gracias a Aladino, la gran compañía de venta por internet que montó en China y que se había extendido por el mundo.

Mao era un hombre muy tenaz y trabajador, con las ideas muy claras, y nada ni nadie lo podría detener. Fue con esa determinación con la que consiguió crear un gran equipo en su empresa. Un practicante infernal del taichí que llevó hasta las sedes de sus empresas a los mejores maestros del mundo para que se lo metieran en el alma y la cabeza a sus trabajadores, los empleados de Aladino.

En dicha pelea de gallos, el empresario chino era prohumano y estaba convencido que los jóvenes emprendedores serían los que sacarían adelante las empresas futuras, y que la vida del futuro estaba en la Tierra y no había que pensar tanto en Marte, sino en solucionar los problemas de nuestro planeta, de ahí que decidiera viajar por todo el mundo dando conferencias dirigidas a los jóvenes, puesto que era en ellos donde veía todo el potencial y el futuro empresarial.

Siempre pensando en la filosofía que el mismo aplicó, él trabajó duro. No sin antes dejar claro que la I. A (Inteligencia Artificial) no le interesaba, pues la veía como algo que no debía existir, argumentando que lo importante es el corazón, el poder humano y las acciones que hagamos en el planeta Tierra para mejorarlo.

Por su parte, Izeem Roos creía en la inteligencia artificial. Pensaba que la Tierra se iba a acabar y que había que pensar en un futuro interplanetario como vía de escape a los problemas actuales, puesto que nuestro mundo podía desaparecer y que había que estar preparados y tener una opción de vida alternativa, ya que gracias a los avances que venía haciendo la NASA la vida en el planeta rojo era posible, de ahí que decidiera dedicar gran parte de su tiempo en trabajar en ello, pero dejando claro que no había que olvidarse de la Tierra. Fue por eso por lo que construyó coches eléctricos y baterías solares para lograr un presente sostenible, pero dejando claro que debíamos estar pendientes de ambos mundos, la Tierra y Marte, ya que por más que el ser humano llevara a cabo acciones para cuidar nuestro mundo y mantenerlo, siempre habría fuerzas externas que podían acabar con la civilización tal y cómo la conocemos, y había que estar muy preparados.

«Creo que será fundamental en un mundo interplanetario», decía Roos…

El respecto entre ellos era palpable y la admiración también. Pero estaba claro que sus pensamientos eran antagónicos, resultado de la visión que cada uno tenía del futuro. Mao argumentaba que tenemos ciento veinte años más para vivir (pensando en promedios de longevidad actuales), pero Izeem Roos no actuaba en términos de duración biológica, sino en el futuro de la humanidad aun después de su muerte.

—Creo que falta mucho por hacer en la Tierra, de ahí que diga que tenemos que prepararnos muy bien para vivir ciento veinte años —dijo Mao.

—Señor Mao, no tenemos mucho tiempo —le advirtió Izeem Roos.

—Yo no tengo que solucionar esos problemas, qué mejor que los solucionen otros, señor Roos.

Mao soltó aquello ante la atónita mirada de Izeem Roos. Él sí que estaba intentando solucionar los problemas que iban surgiendo.

—La población se está doblando en cantidad de habitantes cada vez más rápido, y por eso hay que pensar en Marte, porque no hay camas para tanta gente —argumentó Roos—. De hecho, ya se ve que los productores alimenticios corren para poder tener los supermercados llenos, de ahí que las frutas y las verduras ya no puedan madurar lo suficiente, y mucho menos cumplir su ciclo natural de vida. Pero... claro, usted dice que esos problemas los tenemos que solucionar otros —dijo Roos—, ¡menos mal! No estoy solo, y mi pensamiento lo comparto con otras personas.

—Me parece bien y lo respeto, señor Roos, yo doy trabajo a miles de personas, así que ya estoy aportando —le espetó Mao.

—Señor Mao, póngase a pensar. Anteriormente era normal encontrar un gusanillo en una manzana, hoy en día eso no existe, y es porque, simplemente, los procesos se aceleran de forma artificial, y ahora el fruto se recoge pasados dos meses o tres de maduración, mientras que antes la cosecha se recolectaba cada seis u ocho meses. Esto se lo menciono porque los cambios que venimos sufriendo a nivel de la evolución humana y el deterioro del planeta son palpables.

—Según eso… el ser humano debería trabajar tres días y cuatro horas, y que la inteligencia artificial solucione el resto, ¿verdad? —contraatacó Mao.

—La inteligencia artificial significa amor, señor Mao. El ser humano solucionará el problema de la sostenibilidad sobre todo con el *neurolink*, o sea, la conexión ordenador-mente, contando a la vez con piezas biónicas que deberían ser insertadas en nuestro cuerpo, señores asistentes —repuso Roos—. Ese será el verdadero superhombre.

—Me es impensable pensar en Marte, yo he nacido en la Tierra y moriré en la Tierra. Tener tecnología para los océanos y la agricultura y no pensar en el espacio.

Los asistentes a la charla eran empresarios e inversores que admiraban a las dos mentes brillantes que tenían delante, y que querían concretar el futuro de sus empresas tecnológicas. Es por eso que estaban allí escuchando a los empresarios billonarios. Tampoco Karla quiso perderse el magnífico evento.

Mientras, en la sala, continuaba el debate, y Karla se decidió a participar.

—Señor Izeem Roos, usted no está solo, somos varias las personas que le apoyamos en su pensamiento y le ayudaremos a llevar a la humanidad a Marte —dijo la exfuncionaria desde la platea en un inglés muy fluido.

Izeem puso cara de sorpresa. No sabía quién le hablaba. Se arrellanó en su asiento y, a los pocos segundos, decidió levantarse ante la atónita mirada de Mao y del público presente.

—En fin, creo que hemos acabado. No vamos a ponernos de acuerdo.

Una vez acabada la conferencia, Karla se acercó a Izeem Roos, que trataba de avanzar entre la multitud, en medio de la seguridad que custodiaba al magnate tecnológico.

—Señor Izeem, permítame cinco minutos por favor.

Izeem Roos se giró.

—Ah, es usted, la que me ha dicho eso de que «me van a ayudar a llevar a la humanidad a Marte».

—Sí, eso es.

—Vamos al *backstage*, señorita, pero... de veras que no sé cómo puede usted ayudarme.

—Déjeme explicarle.

Se abrieron paso rápidamente de la sala sin importar los protocolos y la seguridad hasta que llegaron a zona tranquila, ya alejados del ruido y los focos.

—Señor Roos, mucho gusto, soy Karla Santodomingo y vengo en representación de Project Kitty.

—Espere, ¿ese es el proyecto de la ciudad en Marte de los Aranda?

—Exactamente, soy amiga íntima de Larson Aranda —le confirmó Karla—. Es... una larga historia.

—Pero he visto en las noticias que el mafioso Aranda ha escapado, ¿cómo va a seguir con el proyecto?

—Señor Roos, estoy igual que usted, no sé cómo lo vamos a hacer, pero confío en Larson Aranda y sé que continuará con ello, estoy segura al cien por cien, solo falta que dé señales de vida para proseguir.

—Perdone que le pregunte, pero... ¿usted también tiene problemas con la justicia?

—En absoluto —Karla trató de sonreír—. Estoy limpia, para su información conocí a Larson Aranda en Colombia, cuando fui funcionaria de prisiones. Una larga historia.

—Ah, entiendo. —Roos la miró con desconfianza—. Es que no quiero que me metan en problemas.

—Lo sé, y no lo haremos. Pero me pareció necesario venir hasta aquí, ya que mi amigo no puede por razones obvias.

—Cuénteme, ¿qué es lo que pretenden realmente? —le pidió Roos.

—Creo que Nicolás Aranda ya se lo explicó, para ellos es necesario que usted se encargue de transportar a las personas hasta Marte y nosotros de construir la ciudad. De hecho, ya lo estamos haciendo.

—¿Cómo? ¿Ya la están construyendo?

—Sí, pero no le puedo dar más información hasta que nos firme un documento de confidencialidad.

—¿Lo ha traído?

—Sí, aquí lo tengo —asintió Karla.

Prosiguieron la charla con total hermetismo. La presencia de Karla era una garantía para que Izeem conociera a otra persona de confianza inmiscuida en el proyecto, pero que no fuera del clan Aranda. Necesitaban recuperar su confianza y que estuviera tran.

EL CLUB BILDERBERG

CAPITULO 17

Poco se conocía del selecto círculo y pocos eran los llamados a participar de él. El club Bilderberg, o como lo denominaban algunos: «el club de los amos del mundo» era un grupo de oligarcas muy poderosos procedentes tanto de Europa como de América.

Se reunían cada año de forma ultrasecreta en una especie de cónclave al que no tenía acceso ni la prensa. Elegían ubicaciones distintas para cada encuentro, que se celebraba una vez al año en hoteles de lujo como:

- 2015 (11/14 de junio) Estación alpina austriaca de Telfs-Buchen, Austria.
- 2016 (9/12 de junio) Hotel Taschenbergpalais Kempinski, Dresde, Alemania.
- 2017 (1/4 de junio) Westfields Marriott Hotel, Chantilly, Virginia, Estados Unidos.
- 2018 (7/10 de junio) en Turín, Italia.
- 2019 (30 de mayo/2 de junio) en Montreux, Suiza.

No era casualidad que después de la reunión anual se produjeran cambios drásticos en el mundo, de ahí que, según se decía, la gente normal debía ponerse a temblar después de cada encuentro. El club era considerado como «el ojo que todo lo ve», una especie de gobierno mundial en la sombra.

Larson Aranda había escuchado de él y no porque se encontrase dentro del club que quería someter a toda la humanidad a la esclavitud total, sino porque, de alguna manera, él también tenía poder. Él no se consideraba menos que aquel estrecho círculo de millonarios. Sí, Aranda era un asesino —o lo había sido— pero, como él decía: «es mi negocio y tengo que protegerlo», y nadie en el mundo del narcotráfico llegaba a ser un líder si no era matando. Todo eso ya lo había demostrado Pablo Escobar, aunque el viejo patrón, ya desaparecido, era una figura más cercana al psicópata que al narcotraficante. Al fin y al cabo, de Larson eran pocos los que sabían, tan solo el círculo del tráfico de drogas, los mexicanos y la DEA. Pero Escobar sí quería llamar la atención y asesinar hasta a grandes mandatarios que habían depositado la semilla de la esperanza en el pueblo colombiano, y anhelaban una Colombia libre y sin corrupción.

El club Bilderberg funcionaba como las reuniones de los capos de la droga, aquellas donde cada uno mostraba su poder y lo hacía valer delante de sus colegas millonarios, con la diferencia de que Bilderberg estaba formado por políticos, príncipes, financieros, propietarios de medios de comunicación y todo tipo de organizaciones privadas líderes en los mercados mundiales.

Los narcotraficantes no pretendían subyugar a la población, aunque algunos piensen que sí. Ellos veían la coca como un producto comercial que poseía una ventaja crucial: una alta demanda en todos los mercados del mundo. Pero los capos de la droga no ponían cocaína o cualquier otro estupefaciente en la mesa si alguien no la quería realmente; en dicho negocio, cada uno elegía el número de rayas que se iba a meter o la frecuencia con la que lo hacía, una decisión individual. Mientras tanto, la televisión, el fútbol o las redes sociales suponían el más poderoso narcótico creado hasta entonces, y era suministrado en grandes dosis y en cada hogar del mundo por empresas pertenecientes al grupo Bilderberg. Someter a la humanidad y adormecer sus cerebros era la misión del círculo secreto, meterles programas basura o fútbol hasta en la sopa, hasta el punto de que los mismos padres comprarían camisetas deportivas de sus equipos favoritos a bebés que ni siquiera sabrían el significado de dichos colores. Pero, lamentablemente, sí que verían cómo sus padres se peleaban por un partido o porque su equipo de fútbol no estaba pateando una pelota como ellos creían que debía hacerse.

En líneas generales, eso lo que pretendían los aristócratas del club secreto, entretener las mentes para que no fueran capaces de exhibir un pensamiento individual y crítico. De hecho, desde su existencia, los miembros del grupo perseguían a cada uno de los cerebros que destacara en algún ámbito hasta invitarlo a ser parte del club, solo para que nunca cayese en la tentación de enseñar a otros cómo era posible manejar los hilos que controlaban el mundo.

Así ocurrió con Freud y otros psicólogos que destacaron en su época y que, poco a poco, se hicieron famosos porque utilizaban sus mentes a niveles estratosféricos. Estos seres humanos «especiales» eran capaces de atraer a personas comunes que, tarde o temprano, estudiando junto a ellos, aprenderían sus técnicas y formarían «escuelas» de pensamiento, algo que los miembros de Bilderberg no debían permitir, pues eso no interesaba; no era bueno que gente «normal» accediera a un conocimiento de tipo «superior»; por eso, antes de que ocurriera, el grupo invitaba al «especial» a formar parte de la selecta reunión.

Una vez imbuidos en tan exclusivo ambiente, compuesto por miembros de la realeza de varios países, políticos de alto nivel, magnates o ricachones poderosos, esas personas «singulares» acababan seducidos por tan exclusiva forma de vida, algo que a muchos seres humanos les hace sentir mejor personal y profesionalmente, algo que no es demasiado difícil de demostrar.

Pero... ¿por qué si ese tipo de reuniones existen desde hace dos mil quinientos años atrás, tal y como revela el escritor Stulin en sus libros, el resto de la humanidad no tiene conocimiento de este grupo tan elitista? La respuesta es muy sencilla: no interesa.

El ser humano reaccionaría y entonces podría emerger el pensamiento individual y crítico. Y entonces millones de personas dejarían de ver la caja tonta, o sea, la televisión, y caería en la lectura y provocaría que el coeficiente intelectual de la especie fuera subiendo a niveles jamás imaginados, porque una mente estimulada es capaz de ser creativa y explorar mundos inexistentes hasta hacerlos realidad, así como lo han hecho Steve Jobs o Izeem Roos.

Los fantasmas del mal o el grupo Bilderberg habían logrado que padres acomodados económicamente se desprendan de sus hijos llevándolos a internados que cuestan miles de euros para que les den una formación calificada como «especial» y «superior»; han preferido no verlos durante años y solo visitarles una o dos veces por semana y asistidos por alguien del centro, logrando una ruptura de la unión indivisible entre hijos y padres. Pero ¿qué enseñan a estos niños y jóvenes en los internados? ¿Quiénes son sus educadores? En fin, lo que está claro es que el desapego a la familia es la idea, aparte de la educación exigente.

Pero lo que ya se había investigado era que la idea de la élite iba más allá: algunos de los miembros de Bilderberg querían que los recién nacidos fueran educados por el Estado, y que los padres vieran la necesidad de implantar un *chip* en sus cuerpos para saber dónde se encuentran. Esto es lo que soñaban los poderosos con las nuevas generaciones, gobernarles desde su nacimiento y con consentimiento de los padres a los que se les pagaría una mensualidad por permitirlo.

Larson Aranda tenía muy claro que sus hijos tendrían que ser educados en los mejores colegios, pero que él se encargaría de que tuvieran un pensamiento crítico e individual sin que cometieran el mismo error en el que había caído él: el narcotráfico.

Así las cosas, él y su esposa prefirieron ser los supervisores de la educación de sus hijos, contratando profesores que fueran a casa a enseñarles, para que no tuvieran que depender de la influencia de un colegio o universidad europeos.

Así que ya con el conocimiento de cómo funcionan los fantasmas del miedo, Aranda y su hijo habían diseñado el sistema de educación para Project Kitty. Este consistía en la educación en casa y sin ningún certificado, simplemente apelando al conocimiento real y a la estimulación de la mente. Las cualidades de los futuros niños kittyanos serían estudiadas y desarrolladas teniendo siempre en cuenta como prioridad el cuidado de la naturaleza, que sería vigilado y controlado por los indígenas del nuevo planeta.

Así las cosas, el derrocar el club Bilderberg era una de las misiones de los Aranda, estaban hartos de la manipulación de las mentes, la discriminación económica y el poder que la agrupación secreta ejercía con ánimo de liderar a los individuos como robots. Pero eran conscientes que no lo podrían hacer solos y que tendrían que contar con mentes brillantes y rebeldes como la de Izeem Roos, un físico e ingeniero belga que había sido capaz de enfrentarse a la NASA, y que le había dicho a Rusia que sus cohetes eran arcaicos y él prefería construir los suyos propios. Roos gustaba a Aranda porque era un hombre que había sido acosado en el instituto y que se tuvo que enfrentar con el grupo Bilderberg, que solo querían ver la derrota de un soñador.

DOS MENTES BRILLANTES SE CONOCEN
CAPITULO 18

Pasaron dos meses hasta que Izeem Roos recibió la llamada de Larson Aranda

—Hola señor Roos, encantado de saludarle, soy el líder Project Kitty, ¿nos podemos ver?

—Hola, por fin nos escuchamos… —le saludó Roos— . Claro, dígame… ¿cómo tiene usted la agenda?

—Como comprenderá, no puedo decirle una fecha concreta ni día. Lo siento, pero no confío en nadie. Yo me apareceré en sus oficinas y si le encuentro… pues genial, si no fuera así, tendré que hacer varios intentos. No tengo más remedio que operar así.

—Ok, no hay problema. Así quedamos.

Izeem no paraba de viajar al interior de Estados Unidos, de ahí que se produjeran varios intentos por parte de Larson para poder contactar con él y que hablaran en persona. Pero a la tercera llegó la vencida. Un escolta alertó al exnarcotraficante de que Izeem se encontraba dentro de su despacho. En realidad, le estaban siguiendo la pista hacía meses. Nicolás Aranda, en compañía de su hermano pequeño, habían alquilado una casa de estudiantes en Silicon Valley, desde donde aprovechaban también para crear otras empresas de su grupo que estaban centradas en la programación de aplicaciones para móviles. Así las cosas, era normal ver a muchos jóvenes emprendedores en esa zona. Mientras, su padre, se encontraba muy cerca de ellos, escondido, esperando la tan ansiada reunión. Cada día que pasaba podía ser el que Roos aterrizara en su casa matriz.

Eran las 8.00 am cuando Izeem Roos apareció en sus instalaciones vestido con una camiseta negra con el logo de su empresa serigrafiado, el primer cohete que había fabricado. Además, llevaba unos vaqueros y zapatillas deportivas. Entró en su despacho mientras sus empleados trabajaban en silencio. Luego fue directo a la planta de producción para saludar a los obreros que habían hecho el turno de noche. Muchos lo habían calificado de explotador y negrero, puesto que quien entraba en sus fábricas debía mentalizarse para trabajar muchas horas hasta que alcanzar los resultados que el físico demandaba. Le había tocado lidiar con varias denuncias laborales, pero él seguía con su pensamiento como cuando se había iniciado en los negocios: «los débiles no pueden trabajar conmigo».

Muchos eran conscientes de que aquel hombre, aunque se fuera a casa, no dormía; la cabeza de Roos no paraba nunca y hasta fue cuestionado cuando descubrieron que solía consumir marihuana para tranquilizarse. Eso quedó patente el día que, en su *twitter*, de madrugada, dijo que cumpliría los plazos pactados con los inversores, sentado en su escritorio y con un porro en la mano. A él no le importaba lo que pensaran de él, siempre miraba la meta y no el camino para llegar a ella. En aquel momento, algunos inversores se replantearon seguir trabajando con él, porque lo que decía su *tuit* era escalofriante. Las cifras prometidas no concordaban con la realidad, pero nadie se imaginaba la presión que estaba metiendo a su personal para poder llevar a cabo sus objetivos, haciéndoles trabajar hasta dieciocho horas al día. Muchos lo denunciaron, pero la mayoría sentía la adrenalina de trabajar con Roos y veían la experiencia como un lujo para vivir y aprender de él.

Llegados a este punto, y con tantos «enemigos» declarados, tanto científicos como inversores, a Roos le importaba bien poco lo que pensaran de su «locura». Así estaban las cosas cuando llegó el momento de conocer a Larson Aranda.

El exnarcotraficante había salido en libertad en completo silencio. Ni la prensa ni sus enemigos lo sabían, pero una llamada lo cambiaría todo.

Eran las seis de la mañana, hora española, y aunque Karla tenía la sana costumbre de bajar el volumen de su teléfono, ya llevaba varios días madrugando para escribir. El insomnio le estaba jugando una mala pasada, su situación profesional estaba estancada, esperando a que Larson diera señales de vida.

En su mesita de noche, junto a la lámpara, su Iphone se iluminó, y ella se giró para ver si era algún familiar de Colombia que la llamaba. Pero no, aparecía un número oculto. Normalmente no respondía, pero desde que estaba en el proyecto presentía que bien podía ser Nicolás con nuevas noticias....

—¿Hola?

—¿Karla?

—Sí, ¿con quién hablo? —Ese interrogante se empezaba a despejar cuando recordó el tono de voz de Larson.

—¡Soy yo, ya he vuelto del viaje! ¿Cómo estás?

—Dios, ¡qué sorpresa! Pues... trasnochada, duermo muy mal, pero qué felicidad escucharte.

—Karla, necesito que viajes urgentemente a USA, yo estaré esperándote. Coordina todo con Nicolás. Chao.

Su corazón palpitó. «Por fin está libre», dedujo.

Se levantó de la cama con el cansancio en su cuerpo. Pese a que la soledad de su piso era buena compañera no conseguía pegar ojo. Abrió el mueble y cogió el café soluble, sacó leche de la nevera y puso en una taza directamente al microondas; se quedó inmóvil mirando cómo su café daba vueltas. Sus pensamientos empezaron a despertar, y ya con el café en la mano se metió en internet para ver si por casualidad había alguna noticia de la puesta en libertad de Larson, pero no encontró absolutamente nada. Las últimas noticias que consiguió hacían referencia al juicio contra el Recua Santos, no había más. El hermetismo era normal, pensó. Estaba muy ansiosa esperando a que pasaran unas horas para poder comunicarse con Nicolás.

—¡Por fin! —exclamó, mientras se le iluminaba el rostro y su café la devolvía a la vida.

De repente, su teléfono volvió a sonar.

—¿Hola? ¿Nicolás?

—Sí, soy yo, ¿cómo estás, Karla? Yo muy feliz.

—Sí, sí, lo sé, qué alegría más grande. No te imaginas lo feliz que está nuestra familia, pero no se lo puede decir a nadie.

—Lo sé. Lo importante es que esté bien y con salud.

—Sí, está superfeliz, imagínate, esto para él… ¡por fin en libertad!

—Bueno, ¿y ahora qué?

—Debes viajar a USA urgentemente, tenemos que reunirnos con Izeem, y mi padre quiere que vengas para gestionar el tema.

—Claro, claro, voy a comprar el billete y te aviso, me pongo en marcha. Y… de verdad, Nicolás, estoy muy feliz por vosotros.

—Gracias, Karla. Avísame cuando llegues.

Hay un punto en la vida de las personas que han pasado por situaciones complicadas en el que se llega a perder el miedo por completo. Karla ya había pasado por mucho, ya no tenía miedo casi a nada y veía la operación con Larson e Izeem como algo excitante, como una dosis de adrenalina que podía despertar a un muerto.

Ya no tenía que dar explicaciones a nadie, simplemente iba hacia adelante, espoleada gracias a Project Kitty. En su interior sabía que esas inconformidades que sintió en muchos momentos se debían a que dentro de su ser sabía que el propósito que Dios tenía para ella era mucho más grande que todo lo que había conseguido hasta ahora. Así que llegó el momento del viaje, pilló un taxi y salió con una maleta de veintitrés kilos, sin fecha de vuelta y con las ilusiones añadidas al equipaje.

Ya en el aeropuerto del Prat de Barcelona, pasó todos los controles, encendió su iPhone, se puso sus cascos inalámbricos y encendió su Spotify. La música a golpe de Rosalía la acompañaba a donde fuera. Karla tenía un ritual de viaje que cumplía en cada aeropuerto. Antes de salir su avión, se instalaba en una barra y se pedía un vino tinto, y en esta ocasión se pidió dos. Era tan grande la felicidad que la embargaba que ir un poco «tontina» con el vino para atravesar el Atlántico era lo que más le apetecía. Estaba en un aeropuerto, pero aislada del bullicio, y con la lengua y los labios morados del pelotazo que se acababa de pegar.

Subió al avión de Avianca, acomodó su equipaje de mano y se instaló para disfrutar del viaje. Tras diez horas, aterrizó en New york, una ciudad que siempre deseó conocer y que jamás se hubiera imaginado que fuera de esa forma. La llegada al aeropuerto JF Kennedy era uno de los sueños de Karla. La ciudad que nunca dormía la esperaba, y con ella toda la experiencia que viviría de allí en adelante. Su corazón lleno de alegría por la hazaña la tenía en alerta total.

En ese momento las manos le empezaron a sudar. El pensar en cómo contactar con los Aranda, y justo en USA, era muy peligroso, de ahí que ya tuviera una habitación de hotel reservada en el hotel Fairfield Inn by Marriott JFK Airport, muy cerca al aeropuerto. Ya ubicada, se dio una ducha y se limitó a descansar, no sin antes avisar a Nicolás.

—¿*Aló*?

—Hola, Nicolás, soy Karla y ya estoy en la ciudad.

—Hola, Karla, perfecto. Mándame ubicación y te recojo en la mañana, ¿te va bien?

—No hay problema, ahora te paso por WhatsApp la ubicación y nos vemos mañana, así descanso un poco.

—Claro, gracias y hasta mañana.

El descanso era impensable, el *jet lag* le jugaba malas pasadas a Karla, y a ella le encantaba dormir para recuperarse.

A la mañana siguiente…

—Buenos días. Ya estoy aquí.

—Buenos días, ya salgo.

Atrás quedaban los lujos, que sí se podían lucir en Suramérica. Nicolás la esperaba en un auto azul normalito, como cualquier hijo de vecino, un utilitario que cumplía su función.

—Buenos días, Karla, y bienvenida.

—Buenos días, Nicolás —saludó mientras subía al auto.

—¿Desayunamos en el hotel y me explicas el plan de hoy?

—No, mejor vamos a otro sitio donde estaremos más seguros —sugirió el hijo de Aranda.

—Vale, vamos.

Se subió en su coche sin conocer el destino ni el plan. Era ya mucho tiempo de amistad y confiaba plenamente en el joven Aranda. Después de un rato entre el tráfico de la Gran Manzana, llegaron al Bronx. Nicolás aparcó su coche y, rápidamente, salió un chico a recibirlos.

—Buenos días, señor.

—Buenos días, joven, ¿todo bien?

—Todo bien, patrón

—Vamos, Karla —le dijo poniéndole la mano en la espalda en señal de protección.

El sitio era una peluquería latina. Karla estaba un poco desubicada, no entendía nada.

—Buenos días, doña Marina, ¿cómo le va? —saludó Nicolás a la propietaria del local.

Se trataba de una mujer con acento colombiano y con mirada activa, de esas que solo tienen las mujeres que han toreado en varias plazas.

—Buenos días, joven, muy bien... y veo que usted va muy bien acompañado.

—Me alegra mucho, señora. Sí, ella es una gran amiga y se llama Karla, se la presento.

—Buenos días, señora, encantada.

—Igualmente, aquí los amigos de este joven son bienvenidos, siga usted, no más —indicó señalando una cortina con colores vivos al final del pasillo—. Pasen y siéntense como en su casa, allí les espera el desayuno. Un chocolate bien caliente con arepa y queso.

—Muchas gracias, señora, qué bien suena eso —expresó Karla.

Caminaron y Nicolás abrió la cortina seguido de Karla, que se encontró, para su sorpresa, con que Larson estaba allí, desayunando tan tranquilo.

—¡Dios mío, Larson! Qué alegría verte —Se fue directamente a abrazarlo y a besarle la mejilla. Fue uno de esos abrazos que no terminan jamás, ante la atenta mirada de Nicolás.

—Karla, ya por fin estoy fuera, y ya no tengo deudas con la justicia, qué felicidad verte.

Ya. Ya vamos a desayunar, hombre. —dijo Nicolás mientras los dos se carcajeaban.

—Hijo, Karla es una gran amiga, de esas personas a las que siempre da gusto ver. Y después de haber pagado cárcel aquí en USA es como un bálsamo para el alma, ya te he explicado mi amistad con ella.

—Sí, papá, lo decía en broma, yo estoy muy feliz de vuestro encuentro.

—Hijo, gracias por haberme ayudado a encontrarla, esto es un trabajo tuyo. Mil gracias.

—Es verdad, Nicolás, gracias por hacer que nos volvamos a encontrar. Qué felicidad tengo ahora mismo en el alma —dijo Karla.

—Siéntense, vamos a desayunar —les invitó Larson.

Los tres procedieron a disfrutar del desayuno preparado por la señora que, con sus manos de antaño, había preparado unas arepas con perico y chocolate, tal como lo hacen las madres colombianas.

El encuentro les ayudó a preparar la reunión con Izeem Roos. Esta vez quisieron que él se moviera de su casa matriz en Silicon Valley. Se trataba de no llamar la atención, así que una hora más tarde también llegó Izeem en un auto humilde, con gorra, camiseta y *jeans*, ese era el pacto. No llamar la atención. Roos, ya más relajado, entró al sitio latino despojado de su ego, aquel que tienen los genios; entró y le dio un beso en la mejilla a Marina, quien lo saludó con un fuerte abrazo, ya que estaba avisada de que vendría.

—Señor Roos, qué placer que usted visite esta humilde morada.

—Señora, para mí es un placer estar aquí en compañía de una mujer tan bella y llena de vida —le dijo mientras le daba un fuerte abrazo.

—Sus amigos le están esperando, siga al fondo y donde vea una cortina de colores, allí se encuentran.

—Con permiso, muchas gracias por su hospitalidad.

—Buenos días, señores, ¿cómo están?

Los tres se levantaron y le dieron la mano. Todos sonreían de oreja a oreja.

—Hombre, Izeem, qué raro se me hace verte por esta zona, has llegado fácil, ¿nadie te sigue?

—Hey, Larson, más milagro se me hace a mi verte. Venga, hombre, dame un abrazo.

Así fue como los cuatro amigos desayunaron y empezaron una reunión sin hora de culminación. Los aspectos que tenían en común hacían que se entendieran a la perfección, y ya solo faltaba fijar las pautas a seguir de todo el proyecto. Las mentes brillantes, la amistad y los cuatro corazones gozaban de una paz y una alegría dignas de ver solo en un parque infantil cuando los niños juegan, sin egos ni riquezas. Solo con la idea de compartir.

De repente, Izeem les hizo una propuesta:

—Chicos, he estado pensando en la importancia de mantenernos ubicados y a salvo, por eso llevo meses desarrollando un microchip para insertarlo en nuestros cuerpos.

—¿Qué? —respondió Karla—, pero ¿por qué? A mí me dan miedo esas cosas.

—Ay, hermano, a mí no me gusta que me toquen, yo no me fío de nadie y menos que me tengan ubicado, ¿cuéntame de que va eso? —expresó Larson Aranda.

—Sí, papá, deja que Izeem nos explique cuál es la idea. Estamos para confiar los unos en los otros —dijo Nicolás.

—A ver, tenemos una misión muy importante que bien sabemos todos. ¿Y si le hacen algo a alguno de nosotros? Un secuestro… o hasta que atenten contra nuestras vidas. Los enemigos que tenemos no son moco de pavo, son gente muy peligrosa, y no los estamos teniendo en cuenta para este cometido. Yo lo veo necesario. Miren, les explico el mecanismo y luego decidimos, ¿ok?

Abrió la mochila universitaria anti-robo y sacó una caja metálica negra, la puso sobre la mesa y la abrió, mostrando una jeringuilla y un microchip.

—Chicos, este microchip no ayuda a estar localizados entre nosotros. Les doy esta pulsera que deben llevar consigo, les irá mostrando el movimiento de nosotros cuatro. Si se fijan, parece una pulsera de esas inteligentes que comercializan ya algunas empresas para control de salud, cardíaco, etc., con la diferencia que esta, además de eso, triangulará la ubicación por medio de las redes *wifi* cercanas y la red telefónica si le dan a este botoncito. Aparte, la señal quedará localizada por medio de un satélite que tengo ubicado fuera de la Tierra.

—Y si secuestran a alguno y lo meten en su sótano, ¿también lo podemos encontrar?

—Exactamente, de ahí que el control no se hace como los famosos GPS humanos, que van solo adaptados al teléfono móvil, sino que este va por las redes *wifi* y de telefonía para lograr un alcance mucho mayor. Una vez llega al satélite, podemos encontrar a la persona con la ubicación exacta.

—Esto es genial, chicos, vamos… a mí me lo parece — expresó Karla.

—Pues a mí, sinceramente, me gusta mucho la idea de estar pendiente de dónde esta cada uno, más que nada por sentirme unido a vosotros —expresó Nicolás.

Mientras, Larson se levantó de la silla. Tenía el rictus serio y se rascaba la cabeza ante las miradas de sus compañeros. Un silencio sepulcral se apoderó de la reunión.

—¿Saben qué pasa? A mí USA ya me quería poner eso cuando hice el pacto con ellos... y yo les dije que no, y me opuse totalmente a sentirme observado. No dormiría tranquilo, la verdad —se quejó Aranda.

Karla se levantó de la silla y se le acercó al oído.

—Larson, esto no es lo mismo, no te vigilarán los Estados Unidos, sino tus amigos, es por el bien de todos. —Karla se volvió a sentar.

—Vale, tienen razón, pero Izeem... ¿cómo sé yo que solo estaremos nosotros al tanto de nuestras ubicaciones?

—Mira, hagamos una cosa, tú tienes satélites allá arriba, ¿cierto? Manejados por tu gente...

—Sí, claro.

—Entonces hagámoslo con tus satélites y así estarás más tranquilo, ¿te parece?

—Pues sí, es buena idea. Hablaré con mis muchachos.

—Larson, quiero que entiendas que aquí no somos enemigos, sino todo lo contrario, y nos tenemos que cuidar, los enemigos son otros, ya lo sabes... —dijo el científico.

—De acuerdo, hagámosle —dijo Aranda.

—Perfecto, el chip lo implantaremos en esta parte de la mano, ya que no hay terminaciones nerviosas y por ende no dolerá. Aquí la pulsera de cada uno. ¿Quién quiere empezar primero?

—Yo mismo —dijo Nicolás—.

Así, cada uno puso su mano mientras Izeem les inyectaba el chip.

—¿Quién me lo pone a mí? —preguntó Roos.

—Yo mismo, cabrón —le dijo el exnarcotraficante entre risas.

Y fue así como el equipo que salvaría a la humanidad siguió con la reunión, mientras Nicolás hablaba con los encargados de los satélites de la familia para que acometieran el protocolo de control del chip.

ATAQUE A IZEEM ROOS
CAPÍTULO 19

Los preparativos para Project Kitty avanzaban a pasos agigantados. Larson, Izeem, Nicolás y Karla iban cumpliendo las tareas fijadas. Su ubicación estaba controlada por los satélites de Aranda y de Izeem. La vida personal de cada uno fue cambiando considerablemente, ya que ni sus propias familias podían saber nada acerca del plan. Así las cosas, el aislamiento social, el desaparecer de las redes sociales y comunicarse tan solo con un teléfono satelital eran las consignas fijadas en la anterior reunión. Eran muy conscientes de que, si los grupos de poder del mundo los descubrían, podía desatar el gran caos, y Project Kitty no se podría llevar a cabo. Tanta era la concentración de los cuatro, que intentaban permanecer siempre juntos, delegando el manejo de sus empresas a personas de total confianza. Las cosas marchaban viento en popa y con una aparente calma, pero había momentos en que se separaban para visitar a sus familias. Era muy importante la desconexión mental.

También se daban algunos momentos de tensión entre ellos, como ocurre en cualquier empresa con sus directivos, empleados y propietarios, el trabajo duro es lo que tiene.

Una noche en que habían decidido separarse unos días para descansar sus mentes, Izeem se dirigía a su vivienda en Silicon Valley. La carretera que lo llevaba a Palo Alto estaba oscura y caía un diluvio monumental, de esos que parecía que se fuera a acabar el mundo. Izeem detuvo su coche para ver si mermaba la lluvia, cuando de repente una camioneta negra se le atravesó y salieron de ella cuatro hombres fuertemente armados y uniformados de negro, como si de un grupo de élite se tratara. Ante la situación, Izeem gritó a ver si alguien le escuchaba, pero las calles estaban desiertas debido a la lluvia.

Los desconocidos le propinaron una paliza descomunal y lo arrojaron al suelo. La sangre empezó a saltar de su ojo mientras los hombres lo amarraban y lo subían a la camioneta. El coche de Izeem quedó solo y abandonado a su suerte. No se sabía quiénes eran ni por qué habían decidido asaltarle de esa manera. De repente las tres pulseras de sus compañeros se iluminaron con una luz roja, dándoles la señal de alerta por el peligro en que se encontraba Izeem. Larson, inmediatamente, llamó a todos para ver cómo estaban.

—Papá, estoy bien… ¿y tú?

—Bien, bien, pero han asaltado a Izeem, la señal del satélite nos está enviando la ubicación, coordina a los muchachos y coordina la operación de rescate, yo no puedo ir, que manden a los más chungos, porque no sabemos quiénes son y pueden ser de algún grupo de élite que nos quieren sabotear.

—Sí, ya les llegó la señal y se dirigen a su encuentro. ¿Karla cómo está? ¿Hablaste con ella?

—Sí, inmediatamente le llegó la señal y se reportó que estaba bien. Hijo, encarguémonos de rescatarlo, llama hasta a su puta madre, pero toca enfrentarse con esos *hijueputas*.

Los coches blindados no se hicieron esperar para llegar al encuentro de los secuestradores. No quisieron llamar a la policía porque no sabían realmente quién era el enemigo, o si el gobierno americano tenía algo que ver.

Habían recorrido veinticinco kilómetros cuando los hombres del clan Aranda llegaron por sorpresa. El enfrentamiento a balazos no se hizo esperar, pero los chalecos antibalas que llevaban ayudaban al grupo enemigo.

Mientras Izeem yacía en el asiento trasero, empezó a despertar por el estruendo de las balas. No sabía si salir del auto o esperar, sus manos y pies amarrados le impedían la movilidad. Los hombres de Aranda se hicieron con el poder contra los cuatro secuestradores y rescataron a Izeem Roos a los pocos minutos de ser secuestrado. Dicho evento no salió en las noticias, el famoso microchip antisecuestro diseñado por Izeem le salvó la vida. Así se demostraba que tenía razón y que el artilugio era muy necesario. Después de ese enfrentamiento, los cuatro kittyanos dejaron sus hogares y se instalaron definitivamente en la selva amazónica, ya no se podían arriesgar más, estaba claro que sus vidas estaban en peligro y también Project Kitty si los agarraban. Desaparecieron del mapa y confiaron en el ofrecimiento que les habían hecho los indígenas del cabildo amazónico. Ahora solo quedaba trabajar arduamente en el proyecto de salvar a la humanidad de su propia barbarie.

PROJECT KITTY

CAPÍTULO 20

Karla recordó que, en su momento, conoció a un narcotraficante muy poderoso dentro de la cárcel Villahermosa. Pertenecía a la cúpula del extinto cártel de Cali y fue cofundador del cartel del Norte del Valle. Se trataba de un hombre muy callado y de pocas palabras; rondaba los cincuenta años y había órdenes de búsqueda y captura emitidas, al menos, por diez países distintos, que lo acusaban de narcotráfico. Un tal José Luis Caballero.

Aquel individuo era muy reservado y estaba cumpliendo condena en el Patio Ocho. Le habían acusado de proveer a los laboratorios de productos necesarios para el procesamiento de coca en New York y otras ciudades importantes de los Estados Unidos.

Karla lo recordaba bien. Era un hombre con sobrepeso, ojos saltones y una contundente barriga cervecera. Siempre iba peinado con la raya a un lado y poseía unos labios muy gruesos.

Aquel individuo, pese a que no era muy sociable, logró cierta confianza con Karla. Su respeto hacia ella, a pesar de la juventud de la funcionaria, provocó que le hiciera algunas confesiones. Karla recordaba bien el día que se dirigió a ella porque, según le dijo, quería contarle algo.

—Doctora, buenos días.

—Buenos días, José Luis, ¿cómo está usted?

—Más o menos, la verdad... muy ansioso. Esta situación aquí me está comiendo vivo, me van a extraditar —le dijo—. Me duelen mucho los efectos colaterales que esto conlleva. La familia y demás.

—Entiendo, es normal su preocupación.

—Doctora, ¿sabe qué? Tengo un hijo pequeño que es muy inteligente con los estudios, y ahora lo tengo haciendo su carrera en la Nasa.

—¿En la Nasa?

—Sí, cada semestre me cuesta cerca de diez mil dólares. Es su sueño. Por favor, no se lo diga a nadie.

—Tranquilo, si fuera por ahí voceando todos los secretos que guardo, ya me hubieran incriminado por cómplice, ¡ja, ja, ja, ja!

—Entiendo, sé que tiene muchos amigos aquí —asintió el interno—. Solo se lo cuento porque me preocupa joder la carrera de mi hijo. Y el estar aquí dentro provoca que me eche a temblar, ya que sus estudios son muy costosos.

—Tranquilo, es mi trabajo —quiso tranquilizarle Karla—. Ya sabe, José Luis, cualquier asunto que quiera tratar conmigo y para el que necesite asesoramiento me avisa. Con gusto yo le reservo un espacio en mi agenda.

—Adiós, doctora, y gracias por escucharme. Mil Gracias.

Se despidió y echó a andar rápido, ataviado con una guayabera amarilla pálido, su cabello repeinado y un cinturón marrón que sostenía aquella protuberante barriga.

Karla regresó a la oficina sin percatarse de que un monitor de Geografía llamado Carlos Espinoza, que estaba preso por prevaricación y que había sido acusado mientras era alcalde del Quindío, se acercaba sigilosamente. Espinoza y Karla trabajaban juntos a veces. Ella le estaba muy agradecida porque él siempre la ayudaba a controlar a los bandidos que hacían de las suyas en la escuela de la cárcel.

—Hola, Karlita, ¿hablando con el señor José Luis? —la sorprendió.

—Hola, Carlos. —A Karla le extrañó un poco la pregunta—. Sí, ¿por qué?

—Es que es muy callado, y ese sí que es el que manda. —Espinoza le señaló con la mirada—. Tiene más dinero que todos aquí, que se creen que son millonarios. Por cierto, ¿qué le decía? —inquirió.

—Carlos, ya sabe que para mí aquí todos son iguales, y lo que me haya dicho, como comprenderá, no debo contárselo.

—Perdone, a veces soy un poco curioso, hasta luego.

Varios internos del Patio Ocho ya habían advertido a Karla sobre aquel personaje que procuraba estar al tanto de todos los chismes. Carlos Espinoza vivía bien y disfrutaba de una buena posición económica, aunque estuviera allí preso, pero en su mirada se veía que le gustaba mucho el chismorreo, y se aprovechaba de la joven para intentar sacar información, quién sabe para qué. Karla estaba ya curada de espanto y había perdido la confianza que había depositado en él durante sus primeros meses ejerciendo en las escuelas del penal.

Mientras Karla pensaba en Project Kitty, recordó al hijo de José Luis, así que empezó a investigar qué había pasado con él con respecto a su carrera en la NASA.

Don José Luis Caballero tenía tres hijos muy bien educados en Estados Unidos, ya que, al igual que él, todos tenían la nacionalidad americana y habían estudiado en las mejores universidades de USA, titulaciones pagadas con el dinero que su padre ganaba con el negocio de la droga.

Karla estaba al tanto gracias a internet de que dos de los hijos de Caballero viajaron a Colombia con motivo del secuestro de su padre por parte de la guerrilla colombiana en el año 2000, exactamente el año en que ella había llegado a instalarse en España. Al parecer, la idea era vender varias de las propiedades que poseía la familia para hacer frente al rescate. Pero como en todo negocio que crece, mientras uno va subiendo escalones en la organización también aumenta el número de enemigos y los ladrones que quieren parte de tu fortuna, y José Luis Caballero no se salvaría de esto tampoco. Las innumerables propiedades y la ingente cantidad de dinero que había reunido en gran parte del valle del Cauca, Bogotá y el Caribe eran incalculables, suficientes para pagar cualquier rescate. Mucho se especuló sobre aquel viaje de los hermanos Caballero, ya que un buen día fueron acribillados cuando salían de un restaurante en el sur de Cali. Como sospechosa principal figuraba la esposa de Caballero, ya que las autoridades argumentaban que era ella quien quería quedarse con todos los bienes de su marido, y que era muy probable que ella hubiera mandado asesinar a sus propios hijastros. Así las cosas, nunca se pagó el rescate del narcotraficante, desencadenando una muerte atroz en manos de sus secuestradores.

La justicia es lenta, pero llega, y después de estar dos años en prisión, Camila, la exmujer de Caballero, fue puesta en libertad al comprobarse que ella no era la responsable del asesinato de sus hijastros ni del secuestro de su marido. En ese momento solo quedaba con vida el hijo pequeño de Caballero, graduado en Ingeniería Aeronáutica y del Espacio, que había completado sus estudios superiores en la NASA ajeno a la vida de su progenitor. El ingeniero ya contaba con varias especializaciones y estaba en las filas de la Administración Nacional de la Aeronáutica y del Espacio, más conocida como NASA por sus siglas en inglés. Mientras investigaba sobre aquellos eventos, Karla se encontró con documentación que revelaba que un equipo colombiano de la Agencia Aeroespacial había participado en el lanzamiento de la misión Apolo 11. Además del importante capital humano que Colombia había aportado a la exploración espacial, las telas colombianas jugaron un papel histórico; un paño fabricado por la empresa Textiles Huatay, radicada en Bogotá, fue escogido por la NASA para forrar la cabina de la misión Apolo. El tejido especial se eligió después de una licitación internacional porque cumplía una serie de requisitos, como poseer propiedades anti-incendio, térmicas y antiestáticas exigidas para la misión, la primera que llevaría humanos a la superficie de la Luna. «Todos formamos parte de aquella experiencia mundial, pero pocos saben de la importancia de los textiles colombianos en esa misión histórica», pensó Karla.

La escritora constató que entre las filas del actual equipo que trabajaba en la agencia aeroespacial no aparecía ningún colombiano de apellido Caballero, pero sí un tal Maverick Jackson; nadie se hubiera imaginado que aquel hombre era hijo de un colombiano exnarcotraficante, y que tuvo a bien cambiar su nombre por uno americano, para lo que tomó el apellido de su madre, una decisión que sus progenitores apoyaron para proteger la carrera del muchacho. En pocas palabras, para que no lo relacionaran con su progenitor, el número cuatro del cártel de Cali, dueño y señor de la distribución de la cocaína en New York, Lois Island, Boston y otras tantas ciudades de los States. La jugada maestra del cambio de apellido y nombre, que todo el mundo ignoraba, no pasó desapercibida para Karla, que gracias a su olfato investigador y a una serie de búsquedas en internet desentrañó el misterio.

Así las cosas, pudo llegar al perfil profesional del señor Jackson, ahora convertido en pieza clave de la NASA para preparar diferentes misiones a Marte. Este descubrimiento hizo que la escritora se lo imaginara formando parte de Project Kitty. Ahora solo quedaba hablar con él y hablarle del proyecto. Estaba segura de que Larson lo admitiría, pues había trabajado con su padre y si las cosas habían ido bien, no tendría ningún problema en convocarlo. El problema es que estaba segura de que Jackson respondería que no, por tratarse de empresas privadas, pero ella intentaría convencerle.

El personal que se iba escogiendo empezaba a encajar cual, jugada de ajedrez, con una precisión que ni Kárpov ni Kaspárov habrían logrado en sus mejores momentos. El listón estaba alto y aún faltaba que el personaje de la NASA aceptara.

«Total, soñar no cuesta nada» se decía a sí misma la exfuncionaria.

Ahora le tocaba hablar con Nicolás. Lo necesitaba más que nunca para que contactara con Jackson. Según la información que reposaba en internet, un profesional de la NASA ganaba entre sesenta y seis y ciento cuarenta y cinco mil dólares anuales, pero lo que realmente movía a los profesionales del espacio era la vocación de dejar un mundo mejor y pertenecer a un proyecto realmente importante que liderara la exploración espacial. Karla tenía que propiciar un encuentro en el que tendrían que explicarle al científico y antiguo astronauta lo que preparaban, y convencerle para tomar parte en ello. Aranda quería a toda costa que él liderara el proyecto, eso sí, siempre supervisado por él cuando saliera en libertad.

Project Kitty consistiría en usar el dinero ganado por el narcotraficante del cártel del Norte del Valle en un proyecto sin precedentes para aportar su granito de arena por el bienestar del planeta, y, dicho esto, devolver la esperanza a la humanidad después de haber provocado tantas muertes mientras duró su liderato en el cártel.

Project Kitty sería algo tan grande como lo que tenía en mente Izeem Roos, pero con una diferencia: Aranda usaría sus propios recursos económicos y no los de un equipo de inversores, dinero que guardaba en caletas, propiedades y tesoros de oro puro incalculables y que nunca permitió que los gobiernos le quitaran.

La detención de Larson Aranda reabrió en Cali el misterio de las caletas, los escondites donde, presuntamente, estuvo oculto el resto del dinero de Piruleta; incluso generó una cierta «fiebre del oro» por encontrarlas. El Gobierno colombiano se comprometió a utilizar el dinero metálico incautado que, según la revista *Semana* de Colombia, se guardó en una bóveda del Banco de la República para construir casi cinco mil viviendas en Cali y Buenaventura que al final nunca se levantaron. Lo cierto era que nadie conocía a ciencia cierta el paradero de los fondos incautados al narcotraficante. Él siempre había dicho que «los gobernantes colombianos son más bandidos que nosotros los bandidos», y una vez más demostró que tenía razón.

Larson no quería volver a caer, de ahí que pretendiera firmar la paz con su alma y el mundo creando una ciudad en Marte que albergara a un millón de personas, para cuidarlas y protegerlas de los virus químicos, enfermedades y guerras económicas que estaban por llegar. Lo que no se sabía hasta ese momento es que la estancia de Aranda en Brasil, Uruguay, Venezuela, Argentina y Perú le había servido para avanzar en dicho proyecto, una idea que le perseguía desde muy joven.

Mucho se dijo del proyecto Marte de Aranda una vez fue capturado y extraditado. Aunque en Brasil se dijo que el narco lo que quería era montar una flota de helicópteros que operarían como empresa de transporte aéreo, la verdad era mucho más ambiciosa, tanto que las mentes de los que le atraparon y los periodistas no eran capaces de concebir algo así.

Las investigaciones que el mismo Larson Aranda llevó a cabo fueron mucho más allá, ya que en esos diez años escondido investigó todo lo concerniente a un posible futuro de la humanidad en Marte. Aunque Karla iba haciendo un gran avance en cuanto al capital humano, había situaciones que dependían de la visión de Larson.

NUEVO MUNDO
CAPÍTULO 21

La recogida del dinero para Project Kitty ya se había llevado a cabo bajo un estricto operativo por parte de los hermanos Aranda. Fue una estrategia titánica y de mucho riesgo ya que las caletas estaban en diferentes países; también los bienes que estaban a nombre de testaferros, cuentas en Suiza y en las islas Caimán... y quién sabe dónde más. Aquella había sido la misión de un séquito de mucha confianza operado por Nicolás Aranda, la ruta del Dorado iba desde Colombia hasta Brasil, recorriendo los diferentes países donde Larson había estado.

Nadie tenía la certeza total de a cuánto ascendía la fortuna de Larson Aranda, algunos decían que estaba sobre los dieciocho mil millones de dólares; otros que no se sabía exactamente, pero que era mucha. Aranda padre era un hombre de recursos tanto profesionales como creativos, y dejó instalado un sistema de mensajes encriptados que se activaría en cuanto Nicolás apretara un botón. En ese momento, todos los receptores recibirían instrucciones concretas.

Si Pablo Escobar tuvo caletas millonarias y muchas, pero el muy inocente no las protegió lo suficiente y se le pudrían los billetes debido a la humedad —«se perdió esa platica», como decían los colombianos— a Larson no le hubiera pasado nunca eso. Las caletas que ya habían incautado mostraban un sistema de seguridad diseñado por profesionales ingenieros para que ni un rayo de luz tocara los billetes; de hecho, la policía colombiana especializada certificó que esos fajos metidos en las urnas herméticas encontradas hubieran permanecido escondidos más de veinte años sin que les pasara nada. Pero la otra afición que tenía el excapo era el amor por el oro, los lingotes especialmente, y a este maravilloso metal el tiempo sí que no le haría nada.

Él era conocedor de sus cualidades y su durabilidad (se dice que puede durar hasta quinientos años) y eso Aranda lo sabía bien, así fueron muchas las inversiones que hizo en el preciado metal, que lo esperaría tranquilamente los años que tocara, y de esto las autoridades no tenían pleno conocimiento. Solo supieron del amor que el excapo tenía al oro cuando encontraron una caleta en Cali con varios lingotes. Por eso, a la búsqueda de las caletas de Aranda la llamaban «la ruta del dorado», tal y como lo llamaban los Muiscas cuando el Guatavita se untaba todo el cuerpo en polvo de oro, asumía que su tarea implicaba adaptarse o mejor rendirse pasivamente a los cambios o transformaciones permanentes y aceptarlas, para que cada una de las células de su cuerpo se convirtiera en Luz, Consciencia y Trabajo coherente y ordenado, tal y como lo concibieron los creadores de mundo que están en el centro del ABOS o Cosmos.

Fue una misión titánica, porque el oro, así como es de hermoso y brillante, también es escandaloso, y con el sol brilla y podría atraer a los lobos. Lo cierto es que alguien se podía atrever a robarlos, pero era muy posible que tuvieran que rodar cabezas por haberlo hecho a la persona equivocada o por *sapearlo* a la policía colombiana.

Así que Nicolás y sus hombres pasaron un buen tiempo recaudando el tesoro de Aranda. La búsqueda les permitió llegar a las mansiones e islas que en su momento pertenecieron al famoso Piruleta, si bien sus actuales propietarios no tenían ni idea de qué había debajo de esas tierras. Las islas Caimán eran otro sitio bastante transitado por el mundo del narcotráfico, un lugar perfecto para esconder dinero.

Las islas Caimán fueron descubiertas por Cristóbal Colón el 10 de mayo de 1503, durante su cuarto viaje a América. En 1586 el corsario Francis Drake atracó en las islas, siendo el primer inglés del que queda constancia que las visitara, y las bautizó como «islas Caimán». Las islas, junto con la cercana Jamaica fueron ocupadas por Inglaterra durante la guerra anglo-española de 1655-1660; España reconoció oficialmente la soberanía inglesa sobre ellas mediante el tratado de Madrid de 1670. Junto con Jamaica, fueron gobernadas como una única colonia hasta 1962, cuando se convirtieron en un territorio británico de ultramar mientras a que Jamaica obtenía su independencia (dentro de la Mancomunidad Británica de Naciones).

En 1788, diez barcos que regresaban a Gran Bretaña procedentes de Jamaica naufragaron en las costas de la isla mayor y fueron acogidos por los nativos. Por esta acción, el rey Jorge III del Reino Unido eximió a la colonia del pago de tributos, situación que se mantiene hasta la fecha. Se dice que en las islas hay más negocios registrados que personas.

Considerada un paraíso fiscal, la economía de las Caimán es una de las más sólidas del Caribe. De las casi cuarenta mil compañías que se encuentran registradas en la isla, seiscientos son bancos, los cuales manejan quinientos mil millones de dólares estadounidenses en activos. El turismo también es otra importante fuente de ingresos y está orientado a viajeros de alto poder adquisitivo, principalmente del área de Norteamérica. Las islas Caimán son un miembro asociado de la Comunidad del Caribe desde el año 2002. La emisión de sellos para colección es también otra fuente de ingresos.

Pero, aunque las administren los británicos, lo que está claro es que fue Cristóbal Colón quien las descubrió y son más caribeñas que inglesas, y esa sangre latina se nota en las fechorías que estas pueden esconder. Las Caimán son la Suiza del Caribe. Eso bien lo sabían los narcos colombianos y Aranda no era la excepción. Resulta gracioso que, en una ocasión, un recluso le ofreció dinero a Karla si recibía dinero desde la isla, ya que dicho narcotraficante de medio pelo pensaba que ella iba a acceder. Como muchas otras cosas que ya le habían ofrecido; ser mula, por ejemplo, e ir cargada al interior del penal con el estómago lleno de estupefacientes, porque pensaban que caería por ser joven y madre soltera y tener un sueldo de funcionaria. No lo hizo.

La conversación fue de los más interesante cuando la exfuncionaria descubrió lo que hacían las famosas islas Caimán, y es que todo aquello, por lógica, no salía en Wikipedia.

Así las cosas, todo el dinero y el oro se tuvo que esconder en un subterráneo diseñado por ingenieros al estilo del Recua Santos para utilizarlos en la nueva ciudad en Marte. Izeem Roos contaba con un buen capital legal a sus espaldas, gracias a sus empresas e inversores. Larson Aranda no se quedaba atrás, había sabido montar un buen número de negocios a lo largo y ancho de toda Colombia, Brasil, Argentina e incluso España, a la cual él no viajó directamente, aunque sí lo hicieron sus hermanos. Así las cosas, dinero había y proyecto también, solo faltaba que el tiempo fuera transcurriendo.

Ya en el exilio amazónico después del secuestro que quisieron hacerle a Izeem Roos, solo quedaba celebrar la reunión a la que asistirían varias personas investigadas y estudiadas tanto por Larson, sus hijos y Karla, para que formaran el comité de la nueva ciudad en Marte. Dicho encuentro se planificó en el Amazonas colombiano y brasileño, una misión que recaía directamente en el grupo al mando de la misión. Los cuatro socios del proyecto llevaban ya un tiempo viviendo con los indígenas amazónicos, despojados de riquezas, redes sociales y el mundo capitalista. Así las cosas, todos quisieron vivir el día a día y de verdad valorar si los autóctonos merecían ser salvados y... ¿por qué no?, ser la nueva raza humana en Marte.

Tanto la NASA como el gobierno de Estados Unidos ya no reinaban, pero sí eran igual de importantes. Lo que ellos nunca pensaron era depender de empresas privadas para lo que llevaban tiempo investigando. Pero Izeem Roos les había roto los esquemas en cuanto fue capaz de decirle a los rusos que sus cohetes no servían, y a la NASA que los suyos dejaban restos sin paradero desconocido en todas las misiones, mientras los que él fabricaba se encargaban de volver a los puntos de partida y eran reutilizables, sin contaminar el medio ambiente ni en Marte ni en la Tierra. La tecnología nunca vista la tenía que aceptar el gobierno americano. Tal y como estaban las cosas, la reunión más importante del mundo se llevaría a cabo en un sitio imparcial, donde los asistentes no se sintieran en territorio comanche ni con autoridad. El futuro del mundo descansaba sobre la inteligencia y el poder de

Dicha reunión podría durar semanas. A sus integrantes se les permitiría llevar a sus manos derechas solo si tenían una participación directa en el proyecto, ya fuera a nivel científico, tecnológico o de biodiversidad, o sea, un equipo máximo de tres personas, cada una de las cuales pertenecería a un departamento específico. Entre los países estaban los Emiratos Árabes y algunos otros más, pero al tratarse de un tema tan importante decidieron que mejor lo harían bajo tierra, no en hoteles de lujo, como el aniquilado club Bilderberg, sino donde todos los integrantes dejaran atrás su guardia, su poder y su hostilidad. Y… ¿qué mejor que en el gran pulmón del mundo, la Amazonia?

Larson sabía cómo eran las mentes de los gobernantes, así como también las de los poderosos, y lo que más deseaba era dirigir la nueva ciudad en Marte con Izeem Roos, decidieron que serían ellos dos los que pondrían las condiciones para todas las reuniones venideras, hasta que se culminara la construcción de Project Kitty. Al fin y al cabo, para eso habían invertido miles de millones de dólares, tiempo y hasta sus propias vidas.

La construcción del nuevo mundo tenía que estar conformada por corazones y mentes que no estuvieran ávidas de poder ni de sangre, eso estaba más que claro. La reunión pactada sería en un cabildo amazónico, en medio de la naturaleza y con los habitantes que también amaban la tierra y sus bondades, y que, de hecho, no habían querido ceder ante el capitalismo y habían preferido quedarse «atrás», pero sin perder la esencia de la humanidad.

El protocolo para poder asistir a la reunión era el despojarse de riquezas materiales. Había una choza grande con una mesa redonda hecha en madera de palo santo cuyas patas habían sido fabricadas en guadua angustifolia de Colombia. El recibimiento se produjo en medio de música de diferentes instrumentos musicales tocados por las tribus indígenas. Los invitados tenían que despojarse de sus ropas y calzado, y, por supuesto, de los relojes suizos y el oro. Con los pies descalzos tenían que llegar por el sendero hasta alcanzar el punto de reunión. Allí todos los hombres debían ser iguales; nadie, absolutamente nadie era mejor que otro. Así quedó registrado en la reunión llevada a cabo seis meses antes entre Karla Santodomingo, Larson Aranda y su hijo e Izeem Roos, y quien no cumpliera con esa orden moriría sin que nadie lo supiera.

El Club verde estaba ya en la zona dispuesta a organizar, mas no a negociar, esta vez no. Lo único que algún avaro tenía en su cabeza era que lo tuvieran en cuenta junto con su familia para embarcar en los cohetes de Roos y vivir en la ciudad de Aranda, y eso, tal y como estaba el mundo, era el tesoro más grande. Los Muras daban gracias al Dios Verde por tan magnífico encuentro porque, por fin, sus lágrimas habían sido escuchadas, el sacrificio de cada integrante de la tribu que murió a costa de cuidar la selva había valido la pena. Por eso estuvieron presentes los más de quince mil habitantes, rodeando la gran choza de reunión, donde habían dispuesto una fogata en el centro, por medio de la cual se encendería una antorcha de donde saldría una fumata verde, como si se tratara de la elección del papa en el Vaticano. El Dios Verde tenía que estar presente en los corazones de los civilizados y en toda la zona para ellos quedar tranquilos. Lo que algunos no sabían es que, si esa fogata no se encendía, morirían todos los allí reunidos. Así que después de varias horas, la fogata lució un verde que jamás habían visto, y los corazones y lágrimas de toda la tribu interpretaron canticos y danzas apenas los altos mandos salieron de la choza.

Era el inicio de una nueva tierra y un nuevo futuro para la humanidad. Los abrazos entre los representantes no tuvieron parangón, el amor y la unión reinaban y ahora solo faltaba empezar el proceso de construcción.

Así se empezaron a dragar los océanos para sacar el plástico y se contó con la estrecha colaboración de la empresa Ocean Cleanup Sistema 001, una compañía ideada por un joven universitario de veinticuatro años que creó un sistema consistente en un tubo que se arrojaba al océano, y que recogería todo el plástico del mar para reciclarlo. Todo el plástico recogido en la Tierra se enviaría a Marte en los cohetes de Izeem Roos en compañía de las máquinas de impresión 3D, para ir construyendo las escafandras en forma de pez que darían paso a la nueva ciudad. Así las cosas, y sabiendo que Roos había hecho un guiño para enviar su supercoche al planeta rojo, estaba comprobadísimo que lo mismo se podría hacer con cualquier material. Nunca se podría crear un nuevo mundo sin el ser humano, la naturaleza y la tecnología, estaba más que claro.

Aunque todo se había mantenido en secreto, el grupo Bilderberg poseía tantos tentáculos que su presidente abordó a Izeem Roos, invitándolo a una de sus reuniones, pero este se negó a asistir. Tratar con Larson Aranda no estaba en los planes del grupo Bilderberg por haber sido un capo de la droga y un exconvicto. Estaba claro que la intención del famoso club no era más que ser tenidos en cuenta para que también les otorgaran morada en la nueva ciudad, pero esta vez no les funcionó. El grupo verde no los necesitaba: ni a internet, ni YouTube ni mucho menos Google; y, peor aún, sus poderosos integrantes no pintaban nada en el nuevo planeta Kitty. Aunque Izeem no quiso asistir a la reunión del año 2035, su presidente cogió un vuelo hasta Silicon Valley para ver qué era lo que estaban haciendo Roos y Aranda. Los integrantes de Bilderberg estaban asustados y su presidente tenía que comprobar *in situ* qué estaban maquinando.

Izeem Roos ya con casi sesenta años encima, les recibió sin problema.

—Buenos días, señor Louvre, veo que se ha pegado un buen viaje desde Europa.

—Buenos días, Señor Izeem Roos. Sí, perdone aparecer así, pero mis colegas del grupo me dicen que hable con usted, que por favor nos tenga en cuenta para entrar en el proyecto, nuestros nietos y nietas tienen que vivir allí, se lo pedimos por favor en nombre de todos los integrantes del grupo.

—No se acelere, que le va a dar algo —repuso Roos—. Ya tenemos una edad y no podemos alterarnos, siéntese y tome un zumo de naranja conmigo, ¿le apetece desayunar?

—No, ya desayuné en el avión, dígame por qué muestra tanta indiferencia con el grupo. Le hemos invitado a las reuniones y usted no ha querido asistir.

—Señor Daniel Louvre, no es un tema personal por mi parte, sí por la de mi socio en el proyecto.

—¿Socio? ¿Quién es su socio? Necesito hablar con él, ¿cómo se llama?

—No creo que quiera conocerle. Ni él a usted ni usted a él —opinó Roos.

—¿Por qué? Dígame quién es...

—Se llama Larson Aranda y es un exconvicto protegido por USA. Como comprenderá, su nombre real no lo sé ni yo. Es más, me ha dicho que me lo revelará en Marte, ¡ja, ja, ja!

—¿Un exconvicto? Pero usted, señor Roos, con la reputación que tiene, ¿cómo se asocia con esa gentuza? ¿Qué le ha pasado?

—¿Ve porque no le interesa conocerlo? Él es el creador de Project Kitty y el dueño de la nueva ciudad. Por eso le digo que mejor no se junte con gentuza, no somos de su calaña.

—Pero ¿cómo va a permitir eso una nación como Estados Unidos? Hablaré con el mismo presidente a ser posible.

—No se lo aconsejo, ellos no tienen poder ni sobre Aranda ni sobre mí, somos empresas privadas, y estarán agradecidos si es que les tenemos en cuenta para llevarlos. Así que mejor resígnese.

—Nunca, esto no puede ser, nosotros somos los más poderosos del mundo, y nos deben tener en cuenta, somos los que dictamos las estrategias económicas y políticas a nivel mundial.

—¿Y no le da vergüenza decime eso en la cara? —le espetó Roos—. ¿Con tanto poder y han dejado que el mundo se destruyera por amasar más riqueza? Sinvergüenza, váyase inmediatamente de mi despacho, son ustedes escoria. Y mejor que no le diga nada a Larson, porque a él no le tiembla la mano a la hora de pegarle un disparo en la frente. Lárguese, rata inmunda. Estoy cansado de escucharlo.

Así fue cómo el gran Izeem Roos se levantó de su silla y le tiró la puerta a uno de los hombres más poderosos del mundo. Estaba claro que el poder que tenían en la Tierra no era suficiente para Marte.

Después de esta reunión con los elegidos a nivel mundial, se decidió cómo iba a ser la selección, preparación y transporte de los nuevos habitantes de Kitty.

Lo que tenían claro es los indígenas tendrían que subir. Eran ellos los que se merecían estar protegidos, pero en las diferentes reuniones que se celebraron con los jefes de los cabildos, muchos dejaron que algunos miembros subieran para ayudar a Kitty, aunque se decretó que la mayoría se quedaría recuperando la Tierra y luchando contra los inhumanos que se quedaran, era una gran batalla que venían lidiando generación tras generación y que no daban por perdida.

Continuarían con los rituales de los diferentes grupos y las iniciativas que habían emprendido, esta vez con la ventaja de que si no había solución alguna siempre estarían Larson Aranda e Izeem Roos para rescatarlos de la barbarie o, en su defecto. El tratado que se firmó estipulaba que, a cada indígena autorizado por el jefe de cabildo a subir, se le daría la oportunidad antes que a un capitalista como Daniel Louvre y sus secuaces del grupo Bilderberg.

FIN.

SOBRE LA AUTORA

Claudia Patricia Girón Bermúdez (Cali, Colombia 1973) obtuvo Classificato Sezione Narrativa Edita en el Premio Letterario Mondiale Golden Aster Book con su primera novela La Joven Funcionaria De Prisiones, En Civitavecchia (Roma) Italia. Edizione 2019.

Sus ensayos Mamá Soy Un@ Bandid@ y Cómo He Salido Gratis en un periódico, los escribió mientras se encontraba en las profundidades de su primera novela. Siendo estos traducidos a tres idiomas. En la actualidad reside en Barcelona donde sigue trabajando en otros ensayos.